U0160138

生物质原料-丙烯醛缩醛和甘油制3-甲基吡啶

罗才武　张　弦　晁自胜／著

中国原子能出版社

图书在版编目 (CIP) 数据

生物质原料 – 丙烯醛缩醛和甘油制 3– 甲基吡啶 / 罗才武，张弦，晁自胜著 . –– 北京：中国原子能出版社，2021.2

ISBN 978-7-5221-1245-9

Ⅰ.①生… Ⅱ.①罗… ②张… ③晁… Ⅲ.①吡啶—制备 Ⅳ.① O626.32

中国版本图书馆 CIP 数据核字（2021）第 037524 号

内 容 简 介

本书介绍了合成 3– 甲基吡啶的原料、方法和催化剂，并详细介绍了丙烯醛缩醛（丙烯醛二甲缩醛和丙烯醛二乙缩醛）、甘油制备 3– 甲基吡啶的工艺方法和过程，其中，丙烯醛二甲缩醛、丙烯醛二乙缩醛和甘油固定床法制备 3– 甲基吡啶的催化剂筛选和研制、表征及工艺条件的优化过程，侧重强调碱处理 ZSM-5 在这些路线中催化作用；甘油液相釜式法制备 3– 甲基吡啶的催化剂和工艺优化过程。本书论述严谨，条理清晰，内容丰富新颖，是一本值得学习研究的著作。

生物质原料 – 丙烯醛缩醛和甘油制 3– 甲基吡啶

出版发行	中国原子能出版社（北京市海淀区阜成路 43 号 100048）
责任编辑	白皎玮
责任校对	冯莲凤
印　　刷	三河市德贤弘印务有限公司
经　　销	全国新华书店
开　　本	787mm × 1092mm　1/16
印　　张	10.25
字　　数	184 千字
版　　次	2022 年 3 月第 1 版　2022 年 3 月第 1 次印刷
书　　号	ISBN 978-7-5221-1245-9　　定　价　52.00 元

网　　址：	http://www.aep.com.cn	**E-mail:**	atomep123@126.com
发行电话：	010-68452845	**版权所有**	**侵权必究**

序

　　3- 甲基吡啶是吡啶碱中应用最多的有机化合物,广泛地应用于合成各种新型农药、医药及精细化工品,已成为我国急需的吡啶碱产品。在我国,3- 甲基吡啶的相关工艺和技术长期以来没有得到很好地开发,每年不得不每年大量进口 3- 甲基吡啶。目前为止,采用甲醛 / 乙醛 / 氨制备 3- 甲基吡啶是最成熟的技术,但是,该路线存在反应物聚合严重、毒性大和成本高等系列问题。因此,3- 甲基吡啶的绿色生产技术成为一个重要的研究方向,其中,丙烯醛缩醛和甘油为合成 3- 甲基吡啶两个重要技术研究方向。

　　近年来,随着不可再生资源如石油的枯竭及其价格的不断攀升,很大程度上刺激了生物质能源的发展。随着生物质甘油制丙烯醛技术和丙烯醛缩醛生产技术的不断地发展和成熟,丙烯醛缩醛的使用提上日程,而开发来自甘油的丙烯醛缩醛制备 3- 甲基吡啶工艺和技术,以及生物质甘油直接合成 3- 甲基吡啶的相关工艺和技术,对于建立资源节约型社会有着十分重要的意义。

　　本书共分五个章节,第 1 章主要介绍生物质甘油和丙烯醛缩醛信息、3- 甲基吡啶合成方法和分子筛信息。第 2 章和第 3 章为丙烯醛缩醛制备3- 甲基吡啶的工艺过程,第 4 章和第 5 章为甘油制备 3- 甲基吡啶的工艺过程。

　　本书由南华大学罗才武博士撰写,其中,第一章部分内容由南华大学魏月华和蒋天骄撰写。鄂尔多斯应用技术学院张弦副教授整理。全书由长沙理工大学晁自胜教授指导完成。由南华大学谢超博士、彭怀德博士和湖南理工学院李安博士校正。另外,本书得到了国家自然科学基金(51978648)、中国博士后科学基金(2019M660824)、湖南省自然科学基金(2018JJ3427)、湖南省环保科研项目(湘财建二指(2019)0011 号)、内蒙古自治区高等学校青年科技英才项目(NKYT-17-B14)、鄂尔多斯市科技计划项目和南华大学资助出版。

　　虽然我们有多年合成 3- 甲基吡啶的科研积累,但是其科研结论为一家之言,相关的理论还需要进一步的实践验证。由于水平有限,书中错误及疏漏之处实属难免,敬请广大读者及各界同仁批评指正。

作　者

2020 年 7 月

目　录

第1章 绪 论

1.1 生物甘油的开发和利用

在发展生物柴油中,甘油利用技术是一项重要的关键技术。以甘油及其衍生物为原料,开发系列高附加值产品,对降低生物柴油的生产成本以及提高资源利用率有着重要的意义。目前为止,以甘油为反应原料合成的化学产品很多,包括1,3-丙二醇、丙烯醛等。

表1.1 甘油的基本性质

颜色	溶解性	熔点和沸点	危害性
无色、无味	能与水、乙醇以任何比例混溶	熔点、沸点分别为17.8 ℃和290.0 ℃	对环境无污染

表1.1列举了甘油的基本性质。至今为止,甘油的来源主要有两种:①天然材料中提取;②化学合成法。从天然材料中提取甘油,拥有来源丰富、价格低廉等优势,受到了广大研究者们的热捧。以甘油为反应原料,不少新型反应工艺被不断地开发出来。在它们中,甘油脱水合成丙烯醛是其研究最多的反应。无论在催化剂的制备上还是在反应工艺及其反应机理上,均进行了细致而深入的探索,其主要原因是丙烯醛是一种非常重要的中间产物。

1.2 丙烯醛缩醛的开发和利用

丙烯醛缩醛,常有丙烯醛二甲缩醛和丙烯醛二乙缩醛,由丙烯醛和甲醇或乙醇经缩合而成,它们常用于有机合成。正如前面所述,丙烯醛由甘油脱水而成。目前为止,甘油制丙烯醛技术已非常成熟,且已工业化。因此,上述两种缩醛完全可以由醇类来制备,真正地实现绿色合成。丙烯醛活性非常强,导致其自身聚合严重,制约其利用和发展,而丙烯醛缩醛的化学性质稳定,不易聚合。因此,将丙烯醛制成丙烯醛缩醛,能很好地解决丙烯醛自身聚合的问题,加之,丙烯醛缩醛在适当的条件下易分解成丙烯醛以及相应的醇类。这样一来,丙烯醛可以被最大化的利用。

1.3　3– 甲基吡啶的合成

吡啶碱,包括吡啶和甲基吡啶(如 2- 甲基吡啶、3- 甲基吡啶和 4- 甲基吡啶等),是一类典型的含氮化合物,常常应用于维生素、杀虫剂等方面,尤其是 3- 甲基吡啶。3- 甲基吡啶,俗名 3- 皮考林,是一种无色油状液体,具有难闻的气味,化学式 C_6H_7N,沸点为 143.9 ℃。它是最重要的吡啶碱之一,广泛应用在饲料、农药等领域上 [1-4]。合成 3- 甲基吡啶的经典方法有两种,即,煤焦油提取法和化学合成法。前者的主要问题是产率低、能耗大及污染严重。此工艺在国外早已被淘汰,而国内仍然有部分企业进行生产。例如,中国专利 103044319A[5] 报道一种粗焦油提取 3- 甲基吡啶的新技术。目前,3- 甲基吡啶以化学合成法为主。早在 1924 年,Chichibabin 等 [6] 报道了以甲醛 / 乙醛 / 氨为原料进行 3- 甲基吡啶合成研究;1986 年,Golunski 等 [1] 综述了甲醛 / 乙醛 / 氨法中催化剂的发展历程,提出相关的反应机理;1998 年,Shimizu 等 [2] 专论醛(或酮)类和氨合成吡啶碱的研究状况,总结催化剂和再生情况;2012 年,Suresh 等 [3] 对甲醛 / 乙醛 / 氨法的工艺参数进行了综述。本书作者 [4] 评论过丙烯醛 / 氨合成 3- 甲基吡啶。在这里,对各种合成路线进行了较为详细的总结 [1-3,7-52]。

1.3.1 醛类和氨

1.3.1.1 甲醛、乙醛和氨

这是合成 3- 甲基吡啶的最经典路线,且已实现工业化。根据反应物配比不同,主要产物有吡啶、3- 甲基吡啶和 2- 甲基吡啶或 4- 甲基吡啶。①在气相中,高效催化剂主要是负载型 ZSM-5[2-3],活性组分有 Zn、

Tl、Pb 等。常用的制备方法有浸渍法和离子交换法[1-2]。此外,一些新型制备技术被不断的报道[7-8]。例如,Jin 等[7] 使用气相沉积法将活性组分 Ga 物种嵌入到含空位的 HZSM-5 里;Jiang 等[8] 采用原子层沉积技术在 ZSM-5 表面上负载一层 ZnO 薄膜。在它们中,吡啶碱总收率达 80% 以上。但是,3- 甲基吡啶收率非常低,其值不超过 27%。另外,还含有可观的 4- 甲基吡啶。3- 甲基吡啶和 4- 甲基吡啶沸点非常接近(相差不到 1 ℃),这给产物分离带来很大的麻烦。②在液相中,美国专利 4337342[9] 报道了磷酸氢二铵为氨源,甲醛和乙醛为碳源,用于合成 3- 甲基吡啶。当反应温度为 235 ℃,反应压力为 3.8 ～ 4.0 MPa 时,3- 甲基吡啶收率为 68%(基于甲醛计算),还有其他多种吡啶碱类化合物如吡啶、3- 乙基吡啶等。此外,反应过程中需要不断地补充碳源。由于需要较高的温度和压力,加之,它只能间隙运行,因而限制了该工艺的发展。因此,在液相体系下对它的研究不多。③在反应机理方面,Golunski 等[1] 提出了一种醛类和氨合成 3- 甲基吡啶的机理,即:催化剂的 Brønsted 位对醛基官能团进行活化产生碳正离子。这种离子与吸附态氨物种相互作用经脱水后产生亚胺物种。最终,亚胺物种经缩合形成 3- 甲基吡啶。Calvin 等[12] 采用元素示踪法对反应历程进行了跟踪,证实了亚胺物种的存在。Singh 等[13] 在 ZrAlO$_x$ 上进行甲醛 / 乙醛 / 氨合成吡啶碱,提出了一种全新的反应机理,即甲醛和乙醛缩合成丙烯醛。接着,丙烯醛进行正碳离子化。这种离子与另一个丙烯醛分子结合形成二聚丙烯醛分子。最后,它与吸附态氨物种经脱水后形成 3- 甲基吡啶。但是,该机理至今为止没有得到研究人员的实验验证。

1.3.1.2 丙烯醛和氨

这条路线最大的优点是 3- 甲基吡啶收率高,且无 4- 甲基吡啶。①在气相中,美国专利 3960766[14] 报道了丙烯醛 / 氨合成 3- 甲基吡啶。在流化床中,当反应温度为 400 ～ 440 ℃,丙烯醛 / 氨摩尔比约为 1∶2 时,3- 甲基吡啶收率为 46.4%。本书著者[15] 也进行过类似的研究,将流化床换成固定床,以 HF/MgZSM-5 为催化剂,3- 甲基吡啶收率为 36%。为提高 3- 甲基吡啶收率,在此反应体系的基础上添加第三反应组分。美国专利 4163854[16] 将丙醛添加到丙烯醛和氨体系中,当反应温度为 440 ℃,丙烯醛 / 丙醛摩尔比为 2∶1 时,3- 甲基吡啶收率为 60.6%。当添加乙醛[17] 和丙酮[18] 时,3- 甲基吡啶收率分别为 42% 和 32%,同时有 4- 甲基吡啶。总体上讲,该工艺存在的最大问题是丙烯醛易聚合而导致堵塞反应管。

②在液相中,磷酸氢二铵或乙酸铵提供氨源,在密封或开口体系中进行。为了尽量减少丙烯醛聚合,通常在反应过程中将丙烯醛溶液持续地加入到含铵盐的溶液中。这样一来,这种方式大大地增加了生产成本。美国专利 4421921[19] 报道了丙烯醛或一种丙烯醛和甲醛组成的混合物和铵盐合成 3- 甲基吡啶。在密封体系中,当反应温度为 230 ℃,搅拌速率为 1 500 r · min⁻¹,反应压力为 3.2 ~ 3.3 MPa 时,3- 甲基吡啶收率为 52.4%。因反应压力比较高,对反应设备要求比较苛刻,且产生多种吡啶碱类化合物如吡啶、1,3- 二甲基吡啶等。英国专利 1240928[20] 报道了在开口体系下丙烯醛和乙酸铵合成 3- 甲基吡啶。当丙酸为溶剂,反应温度为 130 ℃时,3- 甲基吡啶收率为 33%。本书著者 [21] 在此基础上进行改进,采用乙酸代替丙酸作为溶剂,以固体超强酸 SO_4^{2-}/ZrO_2-FeZSM-5 为多相催化剂,3- 甲基吡啶收率达到 60% 左右,且未发现其他的吡啶碱类化合物。由于溶剂与 3- 甲基吡啶沸点比较接近,且使用到大量的溶剂,这给产物分离带来很大的困难,加之,在反应过程中溶剂易挥发,影响反应的正常运转。除此之外,铵盐分解时产生大量的酸如磷酸而形成废酸液,造成较大的环境污染。副产物源自丙烯醛或与之相关的中间体的聚合,如何有效地延缓丙烯醛聚合问题是今后的研究方向之一。

1.3.1.3 缩醛和氨

本路线基于小分子醛类如丙烯醛易聚合的问题而提出。缩醛的化学性质非常稳定。它是通过醛类和醇类经缩水反应而成,因而醛类中醛基官能团能够得到很好的保护。在酸性催化剂的作用下,缩醛与水反应生成相应的醛类和醇类。也就是说,当合成吡啶碱时,缩醛将原位生成相应的醛类。之后,醛类和氨反应合成吡啶碱。因此,小分子醛类因聚合而导致堵管的难题得到完全的解决。美国专利 4482717[22] 报道了甲缩醛或乙缩醛作为碳源合成 3- 甲基吡啶。王开明等 [23] 报道了液相条件下丙烯醛二乙缩醛和铵盐合成 3- 甲基吡啶,其最高收率高达 65.9%;本书著者也对此路线进行了大量的研究,在第 2 章和第 3 章进行较为详细的阐述,侧重在气相条件下合成 3- 甲基吡啶。缩醛的价格昂贵,挥发性强,还有不愉快的气味。这些因素极大地影响其利用。

1.3.2 醇类和氨

醇类化学性质稳定,安全环保,价格便宜,原料易得且可再生。常见的醇类有乙醇和甘油。利用醇类合成 3- 甲基吡啶,具有明显的"绿色"

特征。

1.3.2.1 乙醇和氨

本路线研究可以追溯到 20 世纪七八十年代,对它的报道不少。例如,Vandergaag 等[25] 在空气和水下进行乙醇 / 氨合成吡啶碱的实验。结果表明,主要产物为吡啶,其他包括乙烯、乙醚、乙胺、乙腈和二氧化碳等产物。冯成等[26] 对此也进行过相关的研究。当催化剂用量为 30 mL,反应温度为 450 ℃,停留时间为 19.2 s,乙醇 / 氨摩尔比为 6∶1 时,乙醇转化率为 100%,2- 甲基吡啶和 4- 甲基吡啶总收率达到 29.0%。但是,在这些情况下均无 3- 甲基吡啶。为此,研究者们对其进行了多方面的改进,具体归纳如下几点。

(1)添加甲醛或甲醇。例如,刘娟娟[27] 在上述反应体系中添加甲醇,得到一定含量的 3- 甲基吡啶。Slobodník 等[28] 报道了乙醇 / 甲醛 / 氨合成吡啶碱。在氮气气氛下,当反应温度为 400 ℃,乙醇∶甲醛∶氨摩尔比为 1.00∶0.21∶1.24 时,主要产物为吡啶、甲基吡啶和二甲基吡啶。

(2)是否通入氧气。例如,Kulkarni 等[29] 报道了在非氧条件下乙醇 / 甲醛 / 氨合成吡啶碱,吡啶收率为 20% ~ 40%,甲基吡啶收率为 10% ~ 20%,而 Vandergaag 等[30] 报道了在空气条件下乙醇 / 氨合成吡啶碱。当 HZSM-5 中 Si/Al 比为 65,反应温度为 327 ~ 377 ℃时,获得最优的转化率和选择性。当氮气取代空气时,没有吡啶生成。

(3)催化剂的发展。高效的催化剂以分子筛基为主,大致研究 Si/Al 比、活性组分以及孔结构的影响。①在 Si/Al 比方面。Slobodník 等[28] 报道了吡啶收率和吡啶碱总收率均取决于分子筛中 Si/Al 比。除此之外,反应温度和催化剂的焙烧温度对催化剂的酸性、活性及寿命皆有着重要的影响。Kulkarni 等[29] 考察了 HZSM-5、Pb-ZSM-5 和 WZSM-5 中 Si/Al 比的影响。随着 Si/Al 比的增加,吡啶 / 甲基吡啶比也增加。②在活性组分改性方面。在 Fe-ZSM-5 体系中,增加 Fe 量得到更高的活性,但是对其选择性的影响相对较小[25]。Naik 等[31] 考察了氧化锌物种改性 HZSM-5[n(Si)/n(Al)= 225] 对吡啶碱总收率的影响。冯成等[26] 发现 Pb$_6$-Fe$_{0.5}$-Co$_{0.5}$/ZSM-5 [n(Si)/n(Al)= 200] 为催化剂的活性最高。③在孔结构方面。Grigoreva 等[32, 33] 比较了 HBeta、H-ZSM-5 和 H-ZSM-12 对 3- 甲基吡啶收率的影响。结果表明,产物的分布有所不同。在它们之中,H-Beta 的活性最高,可能与分子筛的孔道不同有关。当反应温度为 400 ℃时,乙醇转化率为 70%,3- 甲基吡啶选择性为 32%。此外,该作者还开发了一种含微孔 - 介孔 - 大孔结构的新型沸石。当反应温度为 300 ℃，乙醇：甲醛：氨摩尔比为 1.0：0.8：1.5 时，乙醇转化率为 88%，3- 甲基吡啶选择性为 35%。

（4）反应机理。文献已报道 2 种比较成熟的反应机理 [25, 27]：一种是乙醇经脱氢后生成乙醛。接着，经乙亚胺中间体生成 2- 甲基吡啶或 4-甲基吡啶；另一种是乙醇经脱水后生成乙烯。接着，乙烯和氨缩合生成 2-甲基吡啶或 4- 甲基吡啶。从这些反应历程上看，均无 3- 甲基吡啶。添加甲醛或甲醇之后，根据适当的配比，可得到 3- 甲基吡啶。

总之，该路线得到的吡啶碱类化合物主要有吡啶、2- 甲基吡啶或 4-甲基吡啶，而 3- 甲基吡啶收率极低。虽然乙醇作为反应原料具有无可比拟的优点，但是它不适合生产 3- 甲基吡啶。

1.3.2.2 甘油和氨

本路线在最近几年得到了迅速发展，依据反应器的不同，可细分成气相一步法和多步法以及液相法。①在气相一步法中，Xu 等 [34] 比较了不同沸石上甘油 / 氨合成吡啶碱。结果表明，HZSM-5[n（Si）/n（Al）= 25] 的催化性能最好。当反应温度为 550 ℃，甘油 / 氨摩尔比为 1：12 时，吡啶碱总收率为 35.6%，其中，3- 甲基吡啶选择性最高达到 21.5%。为了进一步提高其收率，一些有用的策略被运用。一方面，Zhang 等 [35] 选择 Cu/HZSM-5（Si/Al 比为 38）为催化剂，当反应温度为 520 ℃，甘油 / 氨摩尔比为 1：7 时，吡啶碱总收率为 42.8%。另一方面，Xu 等 [36] 报道了纳米级 HZSM-5 上甘油 / 氨合成吡啶碱的研究。当 n（Si）/n（Al）= 25、反应温度为 550 ℃，甘油 / 氨摩尔比为 1：12 时，吡啶碱总收率达到 42.1%。在上述 2 种情况下，3- 甲基吡啶收率均低于 10%。总体上讲，一步法中无论是吡啶碱总收率还是 3- 甲基吡啶收率均不高，很大程度是甘油脱水成丙烯醛以及丙烯醛和氨合成吡啶碱的反应条件相差较大，很难集成在同一条件下获取高收率的吡啶碱或 3- 甲基吡啶。为了解决这一问题，将它们分别置入到不同的反应器中进行，尽量发挥各自反应的最大潜力，能够得到高收率吡啶碱或 3- 甲基吡啶，即采用多步法合成吡啶碱。例如，Dubois 等 [37] 采用连续的三步反应环节来合成吡啶碱，即甘油先进行脱水反应，然后脱水产物经部分冷凝，连同与乙醛和氨相遇而反应。该工艺主要用于合成为吡啶。基于这一思路，Zhang 等 [38] 省去冷凝工艺且不添加乙醛，直接将脱水产物和氨反应合成 3- 甲基吡啶。结果表明，在第 1 个固定床里填充 FeP-P 催化剂，在第 2 个固定床里填充 $Cu_{4.6}Pr_{0.3}$/

HZSM-5 催化剂,吡啶碱总收率达到 60.2%。本书著者在气相条件下采用一步、二步法合成 3- 甲基吡啶,进行了较深入的探索,详细内容见第 4 章内容。总之,该工艺的吡啶碱总收率比较理想,但是 3- 甲基吡啶收率仍然较低。另外,无论是一步法还是多步法,催化剂寿命均差强人意。②在液相中,甘油脱水丙烯醛的反应温度在 250 ℃以上[39],而丙烯醛和氨合成 3- 甲基吡啶的反应温度相对较低(如 130 ℃)。由此可见,温度是制约该工艺的主要瓶颈之一。因此,很难采用传统的加热方式获得高收率的 3-甲基吡啶。微波加热是热量从内到外传递,而传统加热刚好相反。因此,前者具有更高的热量利用率。Bayramoglu 等[40]采用微波辐射下甘油和氨合成吡啶和 3- 甲基吡啶的方法,其总收率可达 72%。本书著者也对此路线进行了探索,详细内容见第 5 章。由于使用到特殊设备如微波炉,导致生产成本大幅度增加。另外,起催化作用的物质主要是均相催化剂,对它们的回收是一个棘手问题。因此,这些因素使得它很难实现工业化。总体上讲,该路线的应用前景非常明朗,但目前处于起步阶段,开发的余地非常大。

1.3.2.3 丙烯醇和氨

此法是基于丙烯醛 / 氨路线存在易聚合的难题而提出的,主要原理是丙烯醇先发生脱氢作用生成丙烯醛。接着,它与氨合成 3- 甲基吡啶。马天奇等[41]报道丙烯醇 / 氨合成 3- 甲基吡啶的研究。以 Zn_{12}/H-ZSM-5[n(Si)/n(Al)= 80] 为催化剂,当反应温度为 420℃,丙烯醛 / 氨摩尔比为 1∶3 时,丙烯醇转化率 97.8%,3- 甲基吡啶选择性为 37.9%。利用多种表征技术对催化剂的结构进行表征。结果表明,催化剂中 Zn^{2+} 充当 Lewis 位,有利于加成和环合反应,脱氢物种为 ZnO。总体上讲,该路线得到的 3- 甲基吡啶收率不高。

1.3.3 其他路线

1.3.3.1 聚乳酸和氨

聚乳酸采用乳酸为单体聚合而成,原料来源丰富且可再生。在自然界可以实现生物降解。因此,它是一种理想的绿色高分子材料。Xu 等[42]报道了聚乳酸经热催化和氨化合成吡啶碱。考察对 3- 甲基吡啶的影响因素,包括催化剂的结构和酸量、反应温度和停留时间。结果表明,这些因素对聚乳酸转化和吡啶产量皆产生重要的影响。当 HZSM-5[n(Si)

/n（Al）=50] 为催化剂,反应温度为 500 ℃时,吡啶碱总收率最高达到 24.8%,3-甲基吡啶收率为 5% 左右。本反应的机理为聚乳酸首先分解成乳酸和其他产物如乙醛、丙酮等。接着,这些小分子与氨反应生成亚胺而形成吡啶。总之,该路线的最大缺点是 3-甲基吡啶收率不高。

1.3.3.2 吡啶甲基化[43-44]

Sreekumar 等[43] 采用低温法制备 $Zn_{1-x}Co_xFe_2O_4$（x= 0,0.2,0.5,0.8, 1.0）催化剂,并应用于吡啶甲基化反应,考察了催化剂的表面酸性、阳离子分布和反应工艺对 3-甲基吡啶的影响。结果表明,催化剂的活性和选择性取决于其上表面酸性、化学成分和反应条件。当催化剂具有更多的酸性位点（$x \geq 0.5$）时,适合形成 3-甲基吡啶和 3,5-二甲基吡啶;当 Zn^{2+} 被 Co^{2+} 取代的越多时,吡啶转化率不断地增加。最佳的实验结果:吡啶转化率为 49.80%,3-甲基吡啶选择性为 95.38%。Shyam 等[44] 采用类似的方法制备 $Zn_{1-x}Mn_xFe_2O_4$（x = 0,0.25,0.50,0.75,1.00）催化剂,并用于吡啶甲基化反应。当反应温度为 400 ℃,吡啶:甲醇物质的量之比为 1∶5 时,3-甲基吡啶收率为 17.5%。总之,该路线的主要问题是吡啶转化率不高。

1.3.3.3 三聚乙醛和乌洛托品

离子液体指由阴、阳离子组成的液体。由于蒸汽压极低,可以减少因挥发导致的环境污染问题,具有良好的溶解性能、热稳定性和化学稳定性以及酸强度可调的优点。中国专利 101979380A[45] 报道了三聚乙醛和乌洛托品为原料合成 3-甲基吡啶。离子液体,既充当反应介质,又充当催化剂。与其他离子液体相比,以三乙基醋酸铵为离子液体,3-甲基吡啶收率更高。当反应温度为 200 ℃时,3-甲基吡啶收率为 92.3%（基于三聚乙醛计算）。因离子液体价格昂贵,在工业上的应用受到极大的限制。

1.3.3.4 3-甲基哌啶

中国专利 1903842[46] 报道了 3-甲基哌啶为反应原料合成 3-甲基吡啶。当 Pd/SiO$_2$ 为催化剂,反应温度为 293 ℃,连续反应至 120 h 时,3-甲基哌啶转化率为 91.6%,3-甲基吡啶收率为 90.1%。当反应温度增加至 300 ℃时,3-甲基哌啶转化率为 93.4%,3-甲基吡啶收率为 91.8%。虽然该工艺简单,但是原料价格昂贵,且难得到。

1.3.3.5 己烷-1,5-二胺[47]

中国专利 102164895A 报道了己烷-1,5-二胺合成 3-甲基吡啶。当
Pd/Al₂O₃ 为催化剂,连续运行 36 h 时,3-甲基吡啶收率为 97%;当反应
时间增加至 324.3 h 时,3-甲基吡啶收率稍微下降至 94%。将水换成甲醇,
反应时间增加至 371.5 h,3-甲基吡啶为 91%。降低液相空速,反应时间
增加至 605.8 h,3-甲基吡啶收率仍然高达 94%。这是目前为止在气相
法中 3-甲基吡啶收率最高的路线。但是原料价格较高,且不易获得。

1.3.3.6 三烯丙基胺[48]

日本专利 2002173480A 报道了三烯丙基胺为反应原料合成 3-甲基
吡啶。当 ZnO/SiO₂ 或 ZnO/Al₂O₃ 为催化剂,反应温度为 425℃时,三烯
丙基胺转化率为 100%,3-甲基吡啶收率为 74%。但是反应原料获取比
较困难。

1.3.3.7 2-甲基戊二胺[49]

美国专利 5708176 报道了 2-甲基戊二胺为反应原料合成 3-甲基吡
啶,以氧化铝为催化剂,氢气为载气。当反应温度为 500 ℃,反应时间为
5 h 时,3-甲基吡啶产率为 70.7%。本法操作简单、成本低且目标产物收
率高。但是,反应成本较高。

1.3.3.8 2-甲基戊二腈

Lanini 等[50]报道 2-甲基戊二腈为反应原料合成 3-甲基吡啶,该反
应过程分 2 步:第 1 步是 2-甲基戊二腈经过加氢和环合生成 3-甲基哌
啶;第 2 步是 3-甲基哌啶发生脱氢作用生成 3-甲基吡啶。选择高效的
催化剂 Pd/SiO₂、Pt/SiO₂ 和 Pd/Al₂O₃ 等,3-甲基吡啶产率最高达到 75%。
该反应工艺相对繁琐,对反应设备要求较高。

1.3.4 失活和再生

对此方面的研究总体上不多。催化剂失活的主要原因是中间产物易
聚合和产物显碱性,在催化剂的表面上易形成积碳,进而引起催化剂快速
失活。催化剂失活方式主要有 2 种:一是可逆性失活。在催化剂的酸性

位点形成积碳[2, 7, 51]，尤其在强酸性位上。选择合适的再生方法如高温和空气，可以恢复到原来的催化性能。积碳的种类按温度的高低分为易消除和难消除积碳物种，主要成分由 C、H 和 N 等元素组成[7, 51]。多次反应 - 再生循环后，残留的积碳不断地在催化剂的孔内富集，从而使孔口被阻塞。在这种情况下，催化剂很难恢复到初始的催化性能[2]。二是催化剂本身的结构发生变化如活性组分流失。它属于一种不可逆性失活。这种情况下，催化剂的性能呈现出下降的趋势。例如，当 Cu/HZSM-5 用于甘油和氨合成吡啶碱时[35]，5 次反应 - 再生循环后，因 Cu 颗粒发生部分烧结而导致催化剂的活性下降。Xu 等[34]认为催化剂的结构发生变化以及酸性位损失导致其失活。冯成等[26]认为再生后催化剂的活性很难完全地恢复，原因是部分活性组分被还原。在实际的反应过程中，催化剂常同时出现因积碳和催化剂结构变化而引起其失活。常见的再生方式有改进反应器和催化剂。①采用流化床可以同时实现反应 - 再生循环。在工业应用多使用流化床作为反应器来合成吡啶碱，但是该工艺存在成本高、操作繁琐等缺点。②在催化剂改进方面。Shimizu 等[52]开发出一种再生方法。具体方法是在催化剂上添加贵金属如 Pt，且在反应过程中通入醇类如甲醇。结果表明，催化剂的寿命得到大大的增加。本书著者在此方面也进行过较深入的探索，详细的内容见第 3 章。

1.4　分子筛的研究现状

1.4.1 微孔分子筛

分子筛拓扑结构种类众多[53]，具有独特的孔道结构、高的比表面积、优异的离子交换性能、强且可调变的酸性能、良好的热和水热稳定性等诸多优点，特别是具有其他催化材料不具备的特有择形选择性。这些优点决定了分子筛可作为催化剂，如 FAU、MFI 和 BEA 等在石油化工生产（催化裂化、催化重整和催化加氢等）以及涉及小分子反应的精细化学品制备过程中得到广泛而有效的应用。但是，当大分子参与反应时，微孔分子筛的应用受到很大的限制。

1.4.2 介孔分子筛

为克服传统微孔分子筛用于催化反应时传质扩散性能较差的缺点，

研究者对较大孔且具备分子筛特性的催化材料进行了较多的关注。1969年，Chiola 等[54]首次报道了一种合成介孔低硅材料的方法，但当时对于介孔材料的概念认识不足，因而未引起关注。1988 年，Yanagisawa 等[55]合成了类似三维介孔 FSM-16 的材料，仍然没有特意使用介孔材料的名称。1992 年，美孚石油公司发明了 Si 基介孔材料 MCM-41[56]，才引起极大的关注，研究热度迄今不减。基于与 MCM-41 相似的合成机理，许多新介孔 Si 基材料诸如 MCM-48 被不断地开发出来。这些材料不仅可以作为载体，而且可以直接用作某些反应的催化剂。有关介孔材料的合成机理、结构和性能表征以及应用，在该类材料发明后不久就有经典的综述性报道[57]，但在随后的研究中发现，尽管 Si 基介孔材料比表面积较高、孔径较大，但酸性很弱，水热稳定性较差，不具备微孔分子筛所拥有的择形选择性，限制了在许多方面的应用。因此，对传统微孔分子筛的孔结构进行调变以制备微 - 介孔分子筛的研究开始引起重视，并一直是分子筛和催化领域的研究热点。

1.4.3 微 – 介孔分子筛

微 - 介孔分子筛是指同时含有微孔和介孔等不同尺寸大小孔的分子筛。这类材料在保持了传统微孔分子筛优点的同时，还拥有诸如优异的传质速率、传热能力以及抗结焦能力等诸多优点。因此，多年以来一直为广大研究者们所关注。与单纯的介孔相比，微 - 介孔分子筛的水热稳定性和酸性均得到了较大幅度的提高；与经典的微孔分子筛相比较，其传质扩散性能得到显著的提高。

1.4.3.1 微 – 介孔分子筛的合成

微 - 介孔复合分子筛的合成最早于 1996 年见诸于报道，是关于 FAU分子筛表面生长 MCM-41 的研究[58]。迄今为止，ZSM-5/MCM-41 和ZSM-5/SBA-15 型分子筛的研究最多，其制备方法主要有两步结晶法、附晶生长法和气相转移法。如在合成的分子筛前驱体中加入表面活性剂可以制成微 - 介孔分子筛。但这种方法的有效性和可重复性较差，所得到的材料大多情况下是一种由普通的微孔分子筛和无定形介孔材料组成的物理混合物。与纯介孔材料 MCM-41 相比，这种微 - 介孔材料的催化性能得到明显的提高。目前，微 - 介孔分子筛研究主要集中在 ZSM-5、Y和 Beta 等上，其制备方法有直接合成法、简单后处理法、复合后处理法等。

（1）直接合成法。在模板剂存在下直接合成分子筛。2008 年，Egeblad 等[59] 对直接合成法进行了详细的综述，模板剂分为硬模板剂、软模板剂和间接模板剂。硬、软模板剂包括葡萄糖、碳 - 硅复合材料、碳纳米管、胶体印迹碳、炭黑、纳米纤维碳、干凝胶碳、介孔碳分子筛、树脂、苯乙烯球、四丙基氢氧化铵、多聚丁烯凝胶、中空硅微米球、聚合物和固体生物模板剂。不过，直接合成法存在制备工艺复杂、耗时耗能和成本高等缺点。

（2）简单后处理法。对已制备的分子筛进行碱、酸、水蒸气或高温处理，特别是碱处理。简单后处理法与直接合成法相比，前者会出现不均匀的孔径分布，而后者制备过程复杂，难以大规模应用。碱处理具有成本低廉、工艺简单和安全等优点，采用该法制备的微 - 介孔分子筛催化剂已广泛应用于各种反应，表现出优异的催化性能。在这里，对碱处理技术制备微 - 介孔分子筛技术进行重点的阐述，具体如下。

1967 年，Young 等[60] 首次报道了碱处理丝光沸石的研究，与未处理的样品相比，在天然气 - 石油裂解反应中表现出优异的催化性能，并指出经这种处理后反应物能更快地到达微孔内。但此后，这方面并未得到更深入的探索，直到 1992 年，Dessau 等[61] 在对 ZSM-5 进行溶解以研究 Al 浓度变化时，发现骨架中 Si 会被选择性脱落出来。随后几年里，Mao 等[62] 报道了 Na_2CO_3 处理 ZSM-5、Y 和 X。研究表明：这种处理是一种选择性脱硅行为，导致硅与铝摩尔比显著的下降，但是它们的结构、比表面积和微孔孔径基本不变。但此时，研究人员未发现骨架中 Al 被抽取出来。通过采用多种表征手段，证实了 NaOH 处理 ZSM-5 时[63]，它引起骨架 Al 含量下降，而外表面上骨架外 Al 物种却显著的增加。另外，一些骨架外 Al 物种还会重新进入骨架中。Cizmek 等[64] 研究了 Silicalite-1 和 ZSM-5 在碱性体系下的溶解行为，并证明了不同 Al 含量对溶解动力学的影响。可见，此时的研究主要集中在脱硅和脱铝的行为上。1998 年，Corma 等[65] 报道了后处理法制备微 - 介孔 ITQ-2，人们开始将目光转向孔结构变化的研究上。Ogura 等[66] 率先提出了介孔 ZSM-5 的理论。研究发现：碱处理后，孔结构发生较大变化，但酸性几乎不变。

（1）碱处理技术制备微 - 介孔分子筛的影响因素

碱处理主要原理是指 OH^- 与分子筛中 Si 相结合，使得 Si 从分子筛的骨架中脱落出来，从而形成不规则的孔径分布。同时，分子筛也伴随着脱铝现象。与水汽处理和酸处理相比，碱处理既保留了原来的微孔和酸性，又能引入大量的介孔甚至大孔。这是碱处理法在所有后处理法中一个鲜明的特点。Groen 课题组[67, 68] 对此法进行了大量的基础性探索。研究表明：采用此法制备微 - 介孔 ZSM-5 主要依赖于硅铝比和制备条件。

为了不断的完善碱处理制备微 - 介孔结构材料的方法,许多研究者进行了广泛的探索,并取得一定的进展。

①碱种类。采用的碱主要有无机碱和有机碱 2 类,常见的无机碱有 Na_2CO_3 和 NaOH。早期使用的碱剂主要是 Na_2CO_3。该碱剂处理 X 和 Y 时,发现其重复性较差。Mao 等[69] 在 Na_2CO_3 的基础上添加 NaOH,能更有效地对富硅分子筛进行脱硅,而处理 ZSM-5 时,Na_2CO_3 则需要较长的处理时间才有介孔的形成[70]。Groen 等[68] 报道了 LiOH,NaOH,KOH 处理对分子筛的介孔形成的影响。当 KOH,LiOH 处理时,该材料的外表面积分别为 210 $m^2 \cdot g^{-1}$ 和 110 $m^2 \cdot g^{-1}$,均低于 NaOH 处理时分子筛的外表面积(240 $m^2 \cdot g^{-1}$),可能是 Na^+ 诱导适当的 Si 抽取和介孔的形成的缘故。在某些酸催化反应中,为了获得更多的酸性,需要与 NH_4^+ 进行离子交换,以实现 Na 型转换成 H 型分子筛。Holm 等[71] 采用 TMAOH(四甲基氢氧化铵)替代 NaOH 处理 Na-Beta,成功地解决了此问题。Abelló 等[72] 进一步深化了此技术用于制备介孔 ZSM-5,并与 NaOH 处理进行了对比。研究发现:它们的共同点是处理前分子筛的硅铝比必须处于 25 ~ 50;特点是有机碱在焙烧后可以直接获得氢型 ZSM-5,从而简化了离子交换步骤。相对于 NaOH 而言,有机碱更利于脱铝,其中,胺离子对孔的发展和成分起着主要作用。最后,还提出了有机碱阳离子导向形成介孔的机理。但这些有机碱是一类昂贵溶剂,且易挥发,对人体造成伤害,限制了其应用。为了减少这种影响,Sadowska 等[73] 以 NaOH/TBAOH(四丁基氢氧化铵)作为碱剂来制备介孔 ZSM-5。与 NaOH 相比,混合的碱剂发生脱硅时它产生更高的比表面积和孔容,但其孔径较小;添加 TBAOH 是形成较窄孔的原因之一。为满足日益严格的环境要求,Vennestrm 等[74] 以一种新型氢氧化胍代替传统的 NaOH 或有机碱。与 NaOH 相比,这种新型碱能更温和地选择性抽取骨架中的 Si 以形成介孔;通过延长处理时间,介孔很容易得到进一步增加,弥补了有机碱价格昂贵和常规无机碱需要增加离子交换步骤等诸多缺点。在 MTO 和 NH_3-SCR 反应中表现出与常规碱处理制备介孔 ZSM-5 相似的活性,因而具有潜在的工业应用价值。此外,相类似的研究在其他分子筛也得到了很好的应用[75],TPAOH 处理后,在 TS-1 中产生中空的晶体,在结构不改变的前提下 TS-1 的比表面积亦增加,而它的介孔主要以减少微孔为代价而生成的。

②硅与铝摩尔比。Groen 等[68] 认为硅与铝摩尔比为 25 ~ 50 是获取最合适的介孔 ZSM-5 的主要因素之一。当硅与铝摩尔比为 25 ~ 50 时,其孔径主要集中在 10 nm 左右;当硅与铝摩尔比低于 25 时,它几乎不会形成介孔;当硅与铝摩尔比高于 50 时,硅被溶解的越来越多,直至

结构塌陷。Ogura 等 [66] 认为介孔的形成与硅物种有关。当分子筛与碱相互作用时,它的骨架中硅被选择性地脱下来。按照这一推断,硅含量越高意味着形成介孔的可能性越大,因而无法解释出介孔的形成与硅铝比的相关性。Groen 等 [76] 指出骨架中 Al 起着调控选择性脱硅的作用。当 Al 含量高时,它抑制脱 Si 而不形成介孔;当 Al 含量低时,它不能选择性脱 Si 而形成更大的介孔。需要指出的是:上述制备条件相对温和。Zhao 等 [77] 考察了不同硅铝比在苛刻条件下对元素成分、形貌、孔尺寸大小和分布的影响。在同一制备条件下,硅铝比越高,硅物种被溶解的越多,进而硅铝比下降的越多。较低的硅铝比能够产生更多的介孔和大孔,同样对其催化性能产生重大的影响。Wei 等 [78] 考察了硅铝比对形成介孔 ZSM-12 的影响。当硅铝比为 31 ~ 58 时,需要较高的 NaOH 浓度;当硅铝比更高反而需要较低的 NaOH 浓度。该作者也认为骨架中 Al 能够加速脱 Si 而调控介孔的形成。

（2）碱处理与其他技术的组合用于微 - 介孔分子筛的制备

①碱处理 + 表面活性剂自组装。在碱处理过程中,产生大量的溶解性物种如硅、铝和 ZSM-5 晶体的碎片等。它们在过滤和冲洗过程中不得不损失掉。为了充分地利用这些物种,Yoo 等 [79] 结合自组装技术的思路,采用表面活性剂,对它们进行重新组装。具体步骤如下:首先制备出不同硅铝比的 ZSM-5。然后,将它们分散到水和乙醇中。接着,将它们与已配制好的含 CTAB 的 NaOH 溶液进行混合。之后,将它们转移至反应釜中,于 100 ℃下水热处理 24 h,水和乙醇进行冲洗,离心分离,80 ℃干燥 10 h,550 ℃焙烧 6 h,即得到所需的材料。受表面活性剂胶束的影响,制备的材料显示出一种双孔的模型即较小的介孔（约 3 nm ）和较大的介孔（ 10 ~ 30 nm ）;较小的介孔由溶解的物种自组装而成,而较大的介孔由碱处理所致。与碱处理相比,此法的优点为分子筛的外表面积得到进一步地提高以及更高的结晶度,而分子筛的外表面积的变化取决于硅铝比、OH⁻ 浓度和表面活性剂。与 Song 等 [80] 制备的 M-ZSM-5 复合分子筛相比,尽管采用相似的制备条件,该法只能得到单一分子筛。

②碱处理 + 水汽。碱处理因脱硅而产生介孔,而水汽处理因脱铝对其酸性影响较大。Groen 等 [81] 采用碱和水汽连续处理制成介孔 ZSM-5。研究表明:在 1 073 K 水热体系下,这种材料仍然很稳定。对处理前后的顺序进行调整后发现:由于额外骨架 Al 的存在,抑制了 Si 的抽取和介孔的形成。Li 等 [82] 将该法制成的分子筛应用于烯烃的芳构化和异构化反应中,相比单一处理分子筛而言,其催化性能得到进一步的提高。Jin 等 [83] 先用碱处理再用水汽处理 ZSM-5,用于制备吡啶碱的研究。大量的晶内

介孔和 Si-OH 被创建,额外的 Al 和无定形 Al 发生重排,进而引起 Lewis/Brønsted 比值增大,提高了吡啶 /3- 甲基吡啶的选择性。Shen 等[84] 将这种技术扩展到 NaY 中,经过 "碱处理 + 水热处理" 制得超稳 NaY,其介孔的孔容达到 0.22 cm^3 · g^{-1}。与水热处理 NaY 的介孔孔容相比,它的孔容增加了约 1 /3。这种技术比较适合用于处理 NaY。

③碱处理 + 酸冲洗。在碱处理过程中,因脱铝的缘故,它产生骨架外 Al 或无定形 Al 而阻塞分子筛的孔道。除了引起空间位阻效应外,这些酸性物种在某些反应中扮演着负面的角色。采用碱和酸的联合技术成功地解决了此问题。Ogura 等[66] 较早地注意到碱处理后,在 ZSM-5 中孔道表面形成一层沉积物。Fernandez 等[85] 报道了稀 HCl 可以冲洗由 NaOH 处理所残留的 Al 物种,提高了目标产物的选择性,减缓了催化剂的失活速率。Realpe 等[86] 采用 NaAlO$_2$ 和 HCl 或富马酸联合处理不同硅铝比的 ZSM-5。NaAlO$_2$ 能够温和地促使脱硅,但大部分的孔被因 NaAlO$_2$ 处理所产生的衍生沉积物以及含硅的碎片堵塞。接着,用 HCl 或富马酸去除这些堵塞的物种,基本上可以恢复到原来的微孔水平。该法制备的 ZSM-5 的外表面积高于相应的未处理样品的 3 ~ 4 倍,其结晶度和酸性大多被保留。与 NaOH 法相比,两步法制备的介孔 ZSM-5,可以得到更高的固体回收率和更小的介孔。值得一提的是,该法省去了与 NH$_4$NO$_3$ 离子交换的步骤。然而,联合法处理 Ferrierite 后[87],仍有大量的含 Si 沉积物残留在分子筛的孔道中,继续采用温和的碱冲洗后,即可除去这些物种;若调整酸和碱冲洗的顺序,对分子筛的比表面积产生重要的影响。

④碱处理 + 微波法。在电磁场体系下,经过微波辐射能量场的作用,分子运动由无序状态变成有序的高频振动,从而实现了分子水平上的搅拌,达到均匀加热的目的,使某些物质在短时间内达到所需的温度,弥补了传统加热的耗时、加热不均匀、存在温度梯度等缺点。Abello 等[88] 用微波炉加热的方式用于碱处理制备介孔 ZSM-5,仅需加热 3 ~ 5 min,其外表面积达到 230 m^2 · g^{-1},孔径主要集中在 10 nm 左右,而传统加热则需要 30 min。微波作用下热量更有效地传输到分子筛上,并增强了选择性抽取硅的能力。Paixao 等[89] 将该技术推广到碱处理制备介孔丝光沸石中,耗时耗能更少。除了产生介孔外,碱处理 + 微波法还能使部分微孔进一步的扩大成超大微孔。

⑤碱处理 + 硅烷化。有机硅烷修饰的有序介孔材料如 SBA-15 和 MCM-41,是一类良好的吸附分离的材料。它们主要通过 Si-O-Si 键连接方式构筑成有机官能化分子筛。Mitchell 等[90] 首先通过 NaOH 处理

制成介孔 ZSM-5。在室温下,将介孔 ZSM-5 加入到含氨丙基三乙氧基硅烷溶液中,剧烈搅拌 24 h,过滤,冲洗,干燥。这种硅烷化主要是与介孔 ZSM-5 表面上的硅醇基相结合而脱水,与相应的功能化微孔分子筛相比,这种材料仍然保持着较高的外表面积。在 110 ℃水热处理 24 h 后,经表征分析:该材料显示出良好的水热稳定性,开拓了有机官能化分子筛材料的应用范围。

（3）碱处理技术适用的分子筛种类

除了上面提及的碱处理制备微 - 介孔分子筛,研究者们相继开发出其他常用的分子筛,如 ITQ-4[91], TUN[92], H-SSZ-13[93], MCM-22[94],从一维到三维分子筛,扩展了碱处理制备微 - 介孔分子筛的范围。这些分子筛制备的最优化条件大多与介孔 ZSM-5 较接近,其共同点是分子筛在碱处理脱硅后,分子筛的外表面积得到显著性提高,而分子筛上 Brønsted 位的浓度下降但 Lewis 位的浓度却增加。此外,一种碱处理复合分子筛 ZSM-5/ZSM-11-Al$_2$O$_3$ 的方法亦被报道[95],从分子筛上脱硅,黏合剂 Al$_2$O$_3$ 上脱铝,导致活性位的重排以及出现更多的介孔。

1.4.3.2 微 – 介孔分子筛用活性金属组分的改性

为了进一步提高微 - 介分子筛材料的催化性能,常常对其负载活性组分。常见的负载方式有碱处理前负载活性组分和先碱处理再负载活性组分,前者除产生微 - 介孔结构外,还影响活性组分的价态变化,如微 - 介孔结构 Fe/ZSM-5[96]。以往报道的微 - 介分子筛的骨架中多是 Si 和 Al 物种,很少涉及其他三价阳离子。Groen 等[97] 采用原位制备法将 Ga^{3+}、Fe^{3+} 和 B^{3+} 成功地掺入 ZSM-5 骨架中。表征结果表明,与 Al 一样,Ga、Fe 和 B 能够有效地抽取 Si 物种而形成微 - 介孔结构,还可以容纳更多的活性组分,且改变活性组分的价态,进而影响其催化性能。负载型催化剂的制备方法主要有浸渍法(如 Ru[98] 和 Pt[99])、掺杂法(如 Ga[7] 和 Ti[100])和微波法(如 La[101])。Li 等[102] 比较了离子交换法和浸渍法制备的 Zn/HZSM-5。与前者相比,浸渍法能够负载更多的 Zn 物种,且 Zn 物种的分散度更高。由于微 - 介孔结构的存在,Zn 与载体之间的协调作用更加突出,其催化性能显著的提高。Cheng 等[103] 将碱处理的 ZSM-5 加入到 Zn(NO$_3$)$_2$ 中,于 90 ℃处理 3 h,成功制得负载量为 15% 和尺寸为 20 nm 的 ZnO 颗粒。由于分子筛发生脱 Si,其骨架中必然出现新空位。将含 GaCl$_3$ 和 TiCl$_4$ 的气流与碱处理的分子筛在高温下反应一段时间,金属离子进入到原来 Si 所处的位置,经焙烧,即得到微 - 介孔 Ga/ZSM-5[99] 和

Ti/Mordenite[100]。对于 ZSM-5 而言,阳离子交换能力差是困扰研究的棘手问题,借鉴于碱处理 ZSM-5 比 ZSM-5 具有更高的 Ca^{2+} 离子交换的思路[104]。在微波辐射下,将脱 Si 的 ZSM-5 加入到含 $LaCl_3$ 溶液中处理 0.5 h,经冲洗、干燥和焙烧后,即得到微 - 介孔 La/ZSM-5[101]。实验表明,在相同制备条件下,催化剂上 La 含量比未处理样品的 La 含量高 5 倍。上述结果对于制备金属改性的其他类型分子筛催化剂提供了新路线。

1.4.3.3 微 - 介孔分子筛表征

常规的表征手段如 XRD、N_2- 低温物理吸附、SEM 和 TEM,主要用于鉴定碱处理样品是否出现微 - 介孔结构的信息,但这种情况仍然缺乏足够的证据解释微 - 介孔分子筛所有的性能。为此,研究者采用其他表征技术对碱处理分子筛的孔结构和酸性的变化进行了更深入地研究,为进一步解释其结构和性能变化提供了良好保障。Groen 等[105]采用压汞法表征了碱处理 ZSM-5 的孔结构。结果表明,该法能精确的反映出孔的尺寸和孔容的信息。与 N_2- 低温物理吸附相比,该法鲜明的特点是除了可以测出介孔外,还能提供出大孔的证据。随着科技手段的发展,一些先进的仪器被用于分析微 - 介孔结构。Vanmiltenburg 等[94]采用 ^{129}Xe 核磁共振光谱研究碱处理 MCM-22,丰富了表征技术的发展。除了孔结构,酸性是微 - 介孔结构分子筛的重要指标。常采用 FT-IR 进行表征,选用的探针分子有吡啶和甲基吡啶等。Holm 等[106]比较了 CO 和 2,4,6- 三甲基吡啶作为探针分子,表征脱 Si 后的分子筛的酸性。CO 吸附揭示在脱 Si 后,Brønsted 位几乎没有改变,而 2,4,6- 三甲基吡啶则鉴定出的碱处理 ZSM-5 的 Lewis 位,表明这些酸性位位于外表面或新创造的孔结构上。此外,该实验证实了在碱处理过程中发生脱 Al 现象。采用 FT-IR 和 ^{27}Al MAS NMR 鉴定出 ZSM-5 中 Al 和 Si 缺陷位。对它们在甲醇转换成碳氢化合物反应中的影响进行了考察[107]。富马酸冲洗碱处理过程中产生的多种缺陷活性位能够形成新的结构,对延长催化剂的寿命起着巨大的作用。

1.4.3.4 微 - 介孔分子筛的结构形成机理

随着研究的不断深入,借助一些强有力的技术分析微 - 介孔的形成过程及其结构特点,为碱处理机理和催化机理提供大量的参考。Ogura 等[66]提出,在碱处理过程中,因选择性的脱 Si 而形成介孔。Groen 等[108]在此基础上指出,Al 是调控碱处理进行选择性脱 Si 的关键因子。通过具体的实验证实了这一理论。采用水汽处理 ZSM-5,仅发生较小程度的脱 Al。接着,碱处理之后,分子筛中没有出现介孔结构。碱处理前用富马酸进行冲洗,与直接碱处理相比,分子筛能够形成介孔结构。Abelló 等[72]在研究有机碱处理 ZSM-5 时发现,有机阳离子可以导向介孔的形成。不同之处是有机碱脱 Si 的速率更慢。因此,需要较长的处理时间和较高温度才能生成晶内介孔。这种特性是一种良好的可控方式,由于抽取的 Si 较少,微孔的孔容得到了很好的保护。此外,孔的大小与有机阳离子类型有关。当使用 TPA^+ 时,在分子筛的表面上限制 Al 的重排,因而它不会产生骨架外 Al 物种;当使用 TMA^+ 时,由于离子半径较大,堵塞了分子筛的 Si 水解,并抑制其介孔的形成。Realpe 等[86]在研究 $NaAlO_2$/NaOH 处理 ZSM-5 时发现 $NaAlO_2$ 处理后产生的 Al 物种抑制后续 NaOH 处理形成介孔结构。

在微孔分子筛中引入介孔时,其上外表面积和表面酸度必然增加。微 - 介孔结构的出现可以缩短传质路线的长度和提高传质的速率,使得积碳量大大地减少,从而延长了催化剂的寿命。Zhao 等[109]从吸附的角度考虑,碱处理 ZSM-5 产生的介孔结构,提高了反应物的吸附量和吸附速率,从而促进了异丙苯转化。由于介孔结构的出现,一部分结焦物质转移到新创造的孔上,使得微孔的结焦量减少,抑制了结焦堵塞分子筛的通道。这一位置的变化是丁烯芳构化稳定性增强的主要原因[110]。除此之外,微 - 介孔结构还对其他方面产生一定的影响。当微孔与介孔达到某一比例时,它们也影响产物的分布[111]。对于负载型催化剂而言,碱处理不仅能容纳更多的活性组分如 $Fe^{[96]}$、$Zn^{[102, 103]}$,而且在一定程度上可以改变其价态变化如 $Co^{[112]}$。在微孔的基础上出现介孔,并不是影响催化性能的唯一因素,碱处理 H-SSZ-13[93] 和 Beta[113] 后,其催化性能反而下降。

1.5 小 结

总之,3- 甲基吡啶的合成,需要从反应原料、催化剂的制备技术及其反应工艺等方面上寻找新的突破口。随着不断的研究,以生物质为原料合成 3- 甲基吡啶,定能实现工业化应用。

第2章 丙烯醛缩醛和氨合成吡啶碱

2.1 引 言

在丙烯醛为原料合成 3- 甲基吡啶过程中,常常出现反应管被堵塞,导致反应不得不停止运行。在醛类和氨气(或铵盐)反应过程中,醛基与氨物种相互作用是该反应的关键步骤。若首先对性质活泼的不饱和醛类中醛基进行保护,可有效地解决反应原料易堵管的难题。缩醛(或酮类)化是一种常见的保护醛基的方式。它是醛类(或酮类)和醇类缩合而成。缩醛(或酮类)的化学性质非常稳定。在酸性催化剂的作用下,又能分解成对应的醛类(或酮类)和醇。它的合成方法简单,耗时少且产率高。许多醛类(或酮类)和醇类被用来合成所需的缩醛[114-116]。例如,Sudarsanam 等[114] 报道了苯甲醛和甘油合成缩醛,以 MoO₃/TiO₂-ZrO₂ 为催化剂,甘油转化率达到 74%,六元环苯甲醛甘油缩醛选择性为 51%。Capeletti 等[115] 比较了多种酸性催化剂如分子筛,离子交换树脂用于乙醇和乙醛缩合反应。催化剂在该反应中均表现出较高的活性,其中,以离子交换树脂为最佳。湖北新景材料公司拥有自主专利权合成丙烯醛二乙缩醛[116]。它采用丙烯醛和原甲酸三乙酯在酸性条件下合成丙烯醛二乙缩醛。该法无需添加化学溶剂,丙烯醛二乙缩醛收率达到 81.2%。本研究第一次在固定床上以丙烯醛二乙缩醛为碳源,可以解决丙烯醛易堵管的难题。总之,本研究分别以丙烯醛、丙烯醛二甲缩醛和丙烯醛二乙缩醛作为碳源合成吡啶碱。由于借鉴的资料较少,我们重点对催化剂进行大量的筛选,期望获得性能优异的催化剂。

2.2 实验部分

2.2.1 催化剂的制备

购买的分子筛于 550 ℃焙烧 4 h。除非特别说明,分子筛拥有较大的颗粒尺寸。具体催化剂的制备方法如下所述。

（1）Mg 和 F 改性分子筛：取 0.01 mol/L Mg（NO_3）$_2$ 溶液和 3.4 mL 浓 HNO_3 中（1 g 样品 / 10 mL 水），加入一定量的分子筛,在 100 ℃下,对溶液进行剧烈搅拌 12 h,100 ℃干燥一晚上。将干燥的样品磨细,加入 0.01 mol/L HF 和 NH_4F 溶液中（1 g 样品 /10 mL 水, HF 与 NH_4F 摩尔比为 1∶1）,加热至 100 ℃,对溶液进行剧烈搅拌 8 h,100 ℃干燥一晚上,700 ℃焙烧 4 h,即得到 Mg 和 F 改性分子筛。相类似的方法合成 MgF_2/Al_2O_3。

（2）浸渍法。取一定质量的含可溶性金属盐(金属硝酸盐、金属氟化盐、硼酸等)溶液和载体(分子筛)进行等体积浸渍。在室温下剧烈搅拌 24 h,100 ℃干燥一晚上,500 ℃焙烧 4 h,即得到浸渍法合成的负载型分子筛。

（3）离子交换法。分子筛加入含可溶性金属盐(金属硝酸盐)溶液中,加热至 80 ℃,保持恒定并剧烈搅拌 6 h,100 ℃干燥一晚上,500 ℃焙烧 4 h,即得到离子交换法合成的金属改性分子筛。

（4）机械混合法。按一定质量配比的两种分子筛充分地研磨,100 ℃干燥一晚上,500 ℃焙烧 4 h,即得到复合催化剂。

（5）机械混合 - 浸渍法。按一定质量配比的两种分子筛充分地研磨,接着,加入适量的水于室温下剧烈搅拌 24 h,100 ℃干燥一晚上,500 ℃焙烧 4 h,即得到复合催化剂。

2.2.2 催化剂的评价

催化剂的评价在常压气流连续的固定床中进行,先将 20 ~ 40 目 1.50 g 催化剂装入不锈钢反应器(10 mm × 19 cm)中部,催化剂上部和下部均装填 1.0 g 石英砂以及石英棉。反应之前,在空气下,于 500 ℃预处理约 1 h,接着,降温至所需的反应温度。载气氮气带动反应原料和水以及氨分别加热至 250 ℃,进行预热,之后进入反应固定床中。在连接反应管和收集管之间再通入一定量的醇类,以防止未反应完全的微量丙烯醛与氨聚合阻塞管道。具体反应流程见图 2.1。反应稳定 1 h 之后,每隔 2 h 收集产物,使用具有氢火焰检测器的气相色谱仪进行离线检测。采用内标法测定,以正丁醇为内标物,测试目标产物的收率。除非特别说明,第 2 和 3 章涉及总收率指吡啶和 3- 甲基吡啶之和。

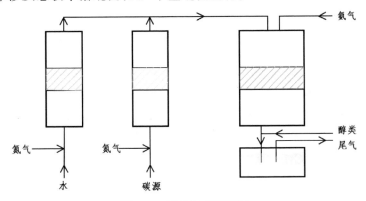

图 2.1　具体反应流程图

2.3　结果与讨论

2.3.1 不同反应原料合成吡啶碱的比较

2.3.1.1　F/Mg-HZSM-5 上不同反应原料的比较

在早期的合成 3- 甲基吡啶研究中, MgF_2/Al_2O_3 催化剂在气相丙烯醛和氨缩合成 3- 甲基吡啶的反应中,表现出优异的催化性能。因此,采用两步法 Mg 和 F 改性 HZSM-5 作为催化剂应用于本研究中。表 2.1 列举了不同反应原料合成吡啶和 3- 甲基吡啶的结果。从表中可以看出,除了 3- 甲基吡啶之外,还有大量的吡啶产生。当使用丙烯醛为原料时,以 HZSM-5 为催化剂,吡啶和 3- 甲基吡啶总收率非常低,主要原因是丙烯醛聚合严重,从而减少了吡啶和 3- 甲基吡啶的生成。具体情况如下:当丙烯醛进入预热器进行预热时,在室温和预热温度之间的过渡区出现大量的白色固体,归于丙烯醛自身聚合所致。丙烯醛进行气化后进入反应器中,在反应器的上部出现大量的黑色的固体,归于丙烯醛自身聚合形成的聚合物在预热温度下分解所致。丙烯醛在穿过催化剂床层,在酸性催化剂的作用下,形成积碳而引起催化剂的快速失活。当丙烯醛进入收集器时,若氨存在的情况下,还在反应器下部到收集器之间的区域形成黄色的固体,源于丙烯醛在碱性条件下快速形成的聚合物。上述聚合物堵塞反应管而使反应在较短时间内不得不停止。事实上,这种情况下并不能完全地反映催化剂的真实水平。当丙烯醛二甲缩醛或丙烯醛二乙缩醛作为反应原料时,反应堵管的问题得到完全地解决。这是因为缩醛的化学性质非常稳定,当穿过催化剂床层之前,它们非常稳定。在酸性催化剂的作用下,它分解成丙烯醛和甲醇或乙醇。由于丙烯醛的化学性质非常活泼,它优先与氨相结合而产生 3- 甲基吡啶。即使催化剂出现严重的失活,多余的丙烯醛仍可以与甲醇或乙醇反应生成缩醛。我们的研究表明,甲醇或乙醇可溶解丙烯醛聚合物。这样一来,令人麻烦的堵管难题得到解决。具体的反应式见式(2.1)到(2.3)。

$$H_2CCHCH(OCH_3)_2 + H_2O \rightarrow H_2CHCHO + CH_3OH \qquad (2.1)$$
$$H_2CCHCH(OCH_2CH_3)_2 + H_2O \rightarrow H_2CHCHO + CH_3CH_2OH \qquad (2.2)$$
$$H_2CHCHO + NH_3 \rightarrow C_6H_7N(\text{3-picoline}) \qquad (2.3)$$

当改用丙烯醛二甲缩醛或丙烯醛二乙缩醛时,以 HZSM-5 为催化剂时,吡啶和 3- 甲基吡啶总收率得到显著性地提高。这一点可以证实出上述的分析。从表 2.1 中可以看出,与 HZSM-5 相比,以 F/Mg-HZSM-5 为催化剂,除丙烯醛二甲缩醛之外,其他两种原料上,均得到较大幅度的增加,说明 MgF_2 是一种较好的助剂。因此,首先选用 F/Mg-HZSM-5 和 HZSM-5 对丙烯醛和氨、丙烯醛二甲缩醛和氨合成 3- 甲基吡啶的反应条件进行优化。对丙烯醛二乙缩醛和氨在后面的章节将进行重点介绍。

表 2.1　不同反应原料的比较

含碳的原料	催化剂	收率 /%		
		吡啶	3- 甲基吡啶	吡啶 +3- 甲基吡啶
丙烯醛	HZSM–5	1.46	1.74	3.20
	F/Mg–HZSM–5	26.29	27.26	53.55
丙烯醛二甲缩醛[a]	HZSM–5	21.41	23.95	45.36
	F/Mg–HZSM–5	14.59	25.38	39.97
丙烯醛二乙缩醛	HZSM–5	8.40	7.61	16.01
	F/Mg–HZSM–5	15.21	16.55	31.76

注:反应条件:反应温度为 425 ℃,液相空速约为 0.85 h^{-1},催化剂用量为 1.5 g,醛类、水和氨摩尔比为 1:2:1。[a]:反应温度为 450 ℃,液相空速约为 0.75 h^{-1},催化剂用量为 1.5 g,丙烯醛二甲缩醛、水和氨摩尔比为 1:1:3.5。

2.3.1.2 丙烯醛与氨和丙烯醛二甲缩醛与氨的反应条件优化

（1）反应温度的影响

从图 2.2 中可以看出，以丙烯醛为反应原料，当反应温度由 400 ℃ 升高至 425 ℃ 时，吡啶碱总收率达到最高，继续升高反应温度时，吡啶碱总收率持续地下降；以丙烯醛二甲缩醛为反应原料，当反应温度达到 450 ℃ 时，吡啶和 3- 甲基吡啶总收率最高。这与丙烯醛二乙缩醛反应温度的变化规律基本上保持一致。不过，它们之间的最优化反应温度相差 25 ℃。由此可见，丙烯醛的含量越多，所需的反应温度越低，可能是缩醛水解产物之一甲醇所致，其中，甲醇发生反应的可能性较大，如氨化、脱水反应等。产物中甲醇质量仅有理论甲醇质量的 40% ~ 70%，很好地证明了这一事实。甲醇和氨生成一甲胺、二甲胺和三甲胺，因受仪器的限制而无法检测出来。由于甲醇分子的存在，使得其占住催化剂上部分活性位，减少了丙烯醛与氨合成吡啶和 3- 甲基吡啶的活性位点。此外，吡啶和甲醇反应生成 2- 甲基吡啶和 2,6- 二甲基吡啶等产物。上述因素使得丙烯醛比丙烯醛二甲缩醛为反应原料时合成吡啶碱总收率更高。

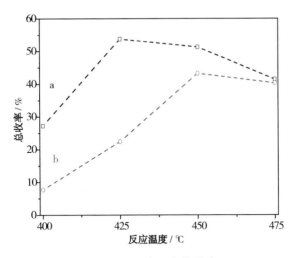

图 2.2　反应温度的影响

（a）丙烯醛，F/Mg-HZSM-5；（b）丙烯醛二甲缩醛，HZSM-5

（2）液相空速的影响

从图 2.3 中可以看出，以丙烯醛为反应原料，当液相空速为 0.86 h^{-1} 时，吡啶碱总收率达到最高；以丙烯醛二甲缩醛为反应原料，当液相空速为 0.75 h^{-1} 时，吡啶碱总收率达到最高。从这一数据看，后者的液相空速小于前者,即相同质量的反应原料时,后者水解的丙烯醛相对前者更少,而吡啶和 3- 甲基吡啶均来自于丙烯醛和氨之间的反应。在适当的条件下,丙烯醛反应更完全。当液相空速过低时,反应物在催化剂的表面上停留时间长,有利于催化剂对反应物的吸附,反应较完全的进行,但同时增大了副反应的可能性,而且还影响产物的脱附正常进行。如果催化剂的表面对反应物吸附能力过强,导致反应物难以迁移,反应按深度进行,主产物的收率反而下降,且使催化剂活性中心不能充分发挥作用。此外,还加快催化剂的失活。

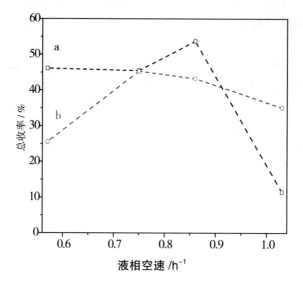

图 2.3　液相空速的影响

（a）丙烯醛, F/Mg-HZSM-5；（b）丙烯醛二甲缩醛, HZSM-5

（3）氨与醛类摩尔比的影响

从图 2.4 可以看出,提高氨的流量可以使吡啶和 3- 甲基吡啶总收率增大。氨与丙烯醛完全反应对应的摩尔比为 2∶1。当氨过量很多时,其影响因素反而变小,导致吡啶碱总收率降低。这是因为随着氨流量的增加,整个气流体系也随之增加,造成与催化剂接触时间减少,反应原料在催化剂表面上来不及参与反应即被带出,从而使吡啶碱总收率降低。此外,氨过量加快催化剂的失活,引起催化剂酸中心的中毒,导致目标产物收率的下降。该反应适宜的比值为 2。在丙烯醛二甲缩醛反应中,当氨与缩醛的摩尔比为 3.5 时,吡啶碱总收率达到最高;继续增加氨的量,吡啶碱总收率开始下降。从上述数据上看,所需的氨的量明显高于丙烯醛所对应的量,这是由于甲醇的存在,消耗了部分氨。

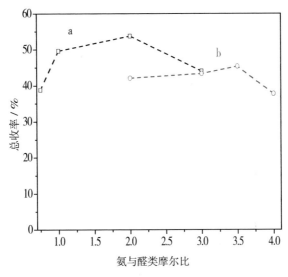

图 2.4　氨与醛类摩尔比的影响

（a）丙烯醛, F/Mg-HZSM-5；（b）丙烯醛二甲缩醛, HZSM-5

（4）水与醛类摩尔比的影响

从图 2.5 可以看出, 水与丙烯醛摩尔比为 2∶1 时, 吡啶碱总收率达到最高, 继续加入水分时, 吡啶碱总收率反而下降, 并且吡啶 /3- 甲基吡啶收率的比例随着水量的增加而增加, 即说明水比例增大更有利于吡啶的生成。因此, 应保持水与丙烯醛摩尔比为 2∶1。反应中加入的水, 一方面可以减少积碳, 提高吡啶碱总收率；另一方面又延长了催化剂的寿命。这可能是水的加入不仅起到了稀释的作用, 从而减缓丙烯醛的自身聚合而阻塞管道, 更重要的是加水后部分的吸附中心（Lewis 位）转化为催化活性中心, 即增加了分子筛的酸性中心 -Brønsted 位中心的形成, 从而增加了目标产物的收率。Vandergaag 等 [25] 报道当不通入 H_2O 时, 由于结焦的原因而引起的催化剂失活速率比通入 H_2O 更快。研究还表明, 水分能保持催化剂表面上的干净以达到减少结焦和聚合物形成的目的。值得注意的是, Singh 等 [13] 研究丙烯醛合成吡啶碱时, 认为该机理是一种脱水行为。因此, 水与丙烯醛的实际摩尔比大于其理论的摩尔比。在丙烯醛二甲缩醛反应中, 当不通入 H_2O 时, 吡啶碱总收率能达到 25% 以上, 说明丙烯醛二甲缩醛仅需要少量的水即可引发丙烯醛二甲缩醛的水解。同时, 合成吡啶碱中产生的水又提供给丙烯醛二甲缩醛进行分解。当丙烯醛二甲缩醛与氨达到计量摩尔比时, 吡啶碱总收率达到最高；继续增加水量,吡啶碱总收率趋于稳定,表明过多的水量对吡啶碱总收率的提高无影响。

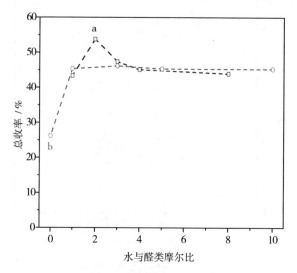

图 2.5　水与醛类摩尔比的影响

（a）丙烯醛,F/Mg-HZSM-5；（b）丙烯醛二甲缩醛,HZSM-5

2.3.2 丙烯醛与氨合成吡啶碱的反应

2.3.2.1 一系列 F/Mg-HZSM-5 催化剂的比较

从表 2.2 中可以看出,液相产物主要为吡啶和 3-甲基吡啶,且产物中未有 2-甲基吡啶和 4-甲基吡啶。当未加入催化剂时,吡啶碱总收率仅为 0.14%。加入单一组分的催化剂之后,其催化活性稍微有所提高,尤以 HZSM-5 更佳,但也不及 4%。当 Mg 改性 HZSM-5 之后,调变了分子筛的酸性,进一步提高其催化活性。当 Mg 和 F 改性 HZSM-5 时,吡啶碱总收率得到显著性地提高,达到 53.75%,表明 Mg 和 F 是一种良好的改性剂。就 HZSM-5 而言,由于该分子筛主要是 Brønsted 位,除了起着催化活性位的作用之外,它还是加速丙烯醛聚合的主要活性位,因而其催化活性不高。即使采用金属调变催化剂的酸性,同样起不到较好的催化活性。在酸处理 HZSM-5 后,分子筛形成多级孔结构。丙烯醛更容易进入到分子筛的孔道中,接着与其上酸性位发生相互作用,从而提高了主产物的收率。

表 2.2　一系列 F/Mg-HZSM-5 的影响

催化剂	收率 /%		
	吡啶	3- 甲基吡啶	吡啶 +3- 甲基吡啶
空白	0.06	0.08	0.14
MgF_2	0.15	0.08	0.23
HZSM-5	1.46	1.74	3.20
Mg-HZSM-5	3.85	0.28	4.13
F/Mg-HZSM-5	26.71	27.46	54.17

注：反应条件：反应温度为 425 ℃，液相空速为 0.86 h^{-1}，丙烯醛、氨和水摩尔比为 1：2：1。

2.3.2.2 不同种类金属负载 F/Mg-HZSM-5 催化剂的比较

从图 2.6 和图 2.7 可以看出，当金属负载量为 1% 时，对吡啶碱总收率的影响较大，初始的（ $t = 0 \sim 1\ h$ ）吡啶碱总收率大小顺序为：Fe > Ni > Zn > La > Co > Cu > Mg。随着反应时间的延长，吡啶碱总收率皆出现较大幅度的下降，其中，负载 La 时，吡啶碱总收率下降的幅度最低；当负载量提高至 5% 时，在初始的（ $t = 0 \sim 1\ h$ ）吡啶碱总收率大小顺序为：Fe > Ni > Mg > Zn > Co > La。从上述结果可以看出，负载 Fe 催化剂表现出较高的催化活性。在相同时间内（ $t = 1 \sim 5\ h$ ）内，与 F/Mg-HZSM-5 相比，负载活性组分之后，其催化活性不升反而下降。影响 HZSM-5 的主要因素有酸性效应和空间位阻效应。当金属含量较少时，其作用是调控分子筛的酸性分布，此时酸性效应起主要作用；当金属含量超过 HZSM-5 的单层阈值时，金属开始在分子筛表面上聚集成颗粒，再加上 HZSM-5 的孔径较小，产生较大的空间位阻，此时空间位阻起着决定性因素，从而阻碍醛氨缩合反应，降低了催化活性，收率亦随之降低。在本实验所用到的负载金属的量为 1% 和 5%，故它很可能超过了其最佳的负载量，没有达到预期添加功能性金属调变固体催化剂的酸性的设想，这时更多的是空间位阻效应发挥作用，因而收率下降。

就不同金属而言，本实验所用到的催化剂的环化和脱氢中心来源于 Brønsted 位和 MO_x，MO_x 同样可产生 H^+，而催化剂需有能够吸附氨的 Lewis 位以及产生碳正离子的 Brønsted 位。这就是说，醛氨发生缩合反应需要在酸性条件下进行。若酸性太强，催化剂对反应物过度地吸附，使得其在固体催化剂表面上停留时间过长,酸中心引发其他的裂解反应和缩合反应,特别是 Brønsted 位,对积碳的生成具有促进作用,从而降低目标产物的选择性以及引起催化剂的快速失活;若酸性太弱,则催化剂没有足够的酸中心参与反应;只有酸性适当才能既保证一定的酸中心暴露又有利于反应发生。因此,过强或过弱的酸性均不利于反应进行。于是,采用实验手段证明这一想法,用 H_2SO_4 和 NaOH 浸泡 F/Mg-HZSM-5 制备成催化剂,用于本反应中。实验结果表明,吡啶碱总收率不及 6.5%,前者对氨的吸附过强,则需要较高的温度才能使氨发生解吸;后者催化剂的酸性大大地减少,同样目标产物的收率亦很低。

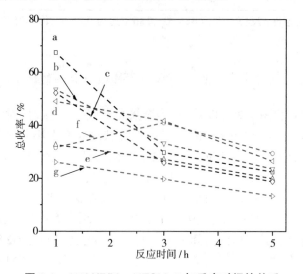

图 2.6 1%M/F/Mg–HZSM–5 与反应时间的关系

(a)Fe;(b)Ni;(c)Zn;(d)La;(e)Co;(f)Cu;(g)Mg

2.3.2.3 F/Mg–HZSM–5 的稳定性测试

由表 2.3 可以看出,在 t = 1 ~ 2 h 内,吡啶碱总收率约为 53%。随着反应时间的增加,吡啶碱总收率下降明显。5 h 之后,吡啶碱总收率约为 33%。可见,催化剂在反应中出现严重的失活现象。无论吡啶碱总收率还是催化剂的反应寿命,均不理想。这主要归于丙烯醛易聚合引起的。

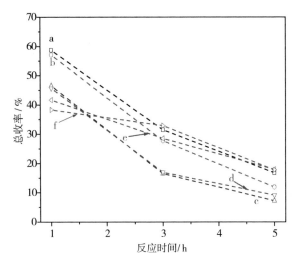

图 2.7　5%M/F/Mg–HZSM–5 与反应时间的关系

（a）Fe；（b）Ni；（c）Mg；（d）Zn；（e）Co；（f）La

表 2.3　催化剂稳定性的测试

时间 / h	收率 /%		
	吡啶	3– 甲基吡啶	吡啶 +3– 甲基吡啶
2	26.75	26.44	53.19
3	21.29	21.52	42.81
4	21.63	19.12	40.75
5	17.46	15.99	33.45

注：反应条件：反应温度为 425 ℃，液相空速为 0.86 h^{-1}，丙烯醛、氨和水摩尔比为 1∶2∶1。

2.3.3 丙烯醛二甲缩醛与氨合成吡啶碱的反应

2.3.3.1 消除扩散效应的影响

为了保证反应在动力学控制区内进行，这需要首先消除内、外扩散对反应速率的影响。在这里，仍然以 HZSM-5 为催化剂。

（1）改变催化剂用量但空速等其他反应条件不变

表 2.4 列举了不同催化剂用量对吡啶碱总收率的影响。从表中可以看出，当反应温度为 450 ℃，催化剂的粒径为 20 ~ 60 目，装入不同质量（$m_1 = 1.0$ g，$m_2 = 1.5$ g，$m_3 = 2.0$ g）的催化剂时，气体的停留时间小于 0.08 s

的情况下，外扩散对反应速率的影响是可以忽略的。

表 2.4　催化剂用量的变化的影响

催化剂 /g	收率 /%					
	吡啶	2– 甲基吡啶	3– 甲基吡啶	2,6– 二甲基吡啶	吡啶碱	甲醇
1.0	10.95	0.03	10.85	0.67	22.50	25.65
1.5	21.41	0.23	23.95	3.97	49.56	30.04
2.0	19.18	0.09	24.20	4.00	47.47	34.60

注：反应条件：反应温度为 450 ℃，液相空速为 0.75 h^{-1}，丙烯醛二甲缩醛、氨和水摩尔比为 1∶3.5∶1，t = 1 ～ 3 h。吡啶碱总收率指吡啶、2- 甲基吡啶、3- 甲基吡啶和 2,6- 二甲基吡啶收率之和。

　　（2）改变催化剂粒径大小但其他反应条件不变

　　本实验中，对内扩散检验的结果如表 2.5 所示。从表中可以看出，当反应温度为 450 ℃，液相空速为 0.75 h^{-1}，催化剂的质量为 1.5 g，装入粒径为 10 ～ 20 目、20 ～ 40 目、40 ～ 60 目和 60 ～ 80 目的催化剂时，吡啶碱总收率在 10 ～ 60 目基本上不随催化剂的粒径变化而发生较大的变化，说明催化剂的粒径在 10 ～ 60 目时，内扩散对反应速率的影响可以忽略。因此，本实验采用的催化剂的粒径为 20 ～ 40 目。

表 2.5　催化剂粒径大小的影响

粒径大小 / 目	收率 /%					
	吡啶	2– 甲基吡啶	3– 甲基吡啶	2,6– 二甲基吡啶	吡啶碱	甲醇
10 ～ 20	15.44	0.08	25.68	4.61	45.81	29.27
20 ～ 40	21.41	0.23	23.95	3.97	49.56	30.04
40 ～ 60	16.16	0.15	21.36	4.15	41.82	20.10
60 ～ 80	13.92	0.05	13.52	0.05	27.54	35.69

注：反应条件：反应温度为 450 ℃，液相空速为 0.75 h^{-1}，丙烯醛二甲缩醛、氨和水摩尔比为 1∶3.5∶1，t = 1 ～ 3 h。吡啶碱总收率指吡啶、2- 甲基吡啶、3- 甲基吡啶和 2,6- 二甲基吡啶收率之和。

2.3.3.2　单一组分负载 HZSM–5

　　表 2.6 列举了单一组分负载 HZSM–5 上吡啶碱总收率的影响。从表中可以看出，负载不同金属之后，吡啶碱总收率的大小顺序为：La > K >

Pb > Mg。与 HZSM-5 相比,负载 La 和 KF 之后,吡啶碱总收率略有下降,但是负载 Pb 和 Mg 之后,吡啶碱总收率减少达到了 10% 以上。这些结果表明,这些助剂对催化剂性能的提高起着负面作用。

表 2.6　单一金属负载 HZSM-5 上吡啶碱总收率的影响

催化剂	收率 /%					
	吡啶	2- 甲基吡啶	3- 甲基吡啶	2,6- 二甲基吡啶	吡啶碱	甲醇
未负载	21.41	0.23	23.95	3.97	49.56	30.04
La-	18.93	0.19	25.90	4.37	49.39	0.49
Pb-	17.42	0.16	19.10	2.03	38.71	0.41
KF-	18.33	0.13	25.85	3.84	48.15	0.47
Mg-	17.88	0.16	17.28	0.95	36.27	21.07

注:反应条件:反应温度为 450 ℃,液相空速为 0.75 h^{-1},丙烯醛二甲缩醛、氨和水摩尔比为 1∶3.5∶1。吡啶碱总收率指吡啶、2- 甲基吡啶、3- 甲基吡啶和 2,6- 二甲基吡啶收率之和。

2.3.3.3 双微孔复合分子筛催化剂

考察了 HY/HZSM-5 对吡啶碱总收率的影响,具体见表 2.7。从表中可以看出,当使用单一分子筛时,吡啶碱总收率为 40.66% 和 49.56%。以质量比为 1/3 组成 HY/HZSM-5 时,吡啶碱总收率接近相应的 HZSM-5,表明机械混合法合成的 HY/HZSM-5 之间存在相互作用,不是两种分子筛的简单相加。

表 2.7　双微孔复合分子筛催化剂上吡啶碱总收率的影响

催化剂	收率 /%					
	吡啶	2- 甲基吡啶	3- 甲基吡啶	2,6- 二甲基吡啶	吡啶碱	甲醇
USY（5-6）[a]	5.04	0.10	26.67	8.85	40.66	7.67
HZSM-5（25）	21.41	0.23	23.95	3.97	49.56	30.04
HY（5）/ HZSM-5（25）	18.65	0.12	27.15	3.31	49.23	11.36

注:反应条件:反应温度为 450 ℃,液相空速为 0.75 h^{-1},丙烯醛二甲缩醛、氨和水摩尔比为 1∶3.5∶1,$t = 1 \sim 3$ h。[a]:反应温度为 500 ℃。吡啶碱总收率指吡啶、2- 甲基吡啶、3- 甲基吡啶和 2,6- 二甲基吡啶收率之和。

2.3.3.4 原位制备 Mg 和 F 改性系列催化剂

表 2.8 为 Mg 和 F 改性催化剂上吡啶碱总收率的结果。当仅有 MgF_2 时，吡啶、2- 甲基吡啶、3- 甲基吡啶和 2,6- 二甲基吡啶的总收率为 4.44%，表明 MgF_2 具有一定的催化活性。当 HZSM-5（25）、纳米级 HZSM-5（25）和 USY（5-6）为催化剂时，吡啶碱总收率分别为 49.56%、33.33% 和 40.66%。可见，HZSM-5 具有更高的催化活性。当 Mg 和 F 改性上述分子筛时，吡啶碱总收率分别为 42.94%、55.50%、37.27% 和 36.09%。除 Mg 和 F 改性纳米级 HZSM-5（25）之外，其他催化剂上吡啶碱总收率反而下降。与纳米级 HZSM-5 相比，Mg 和 F 改性纳米级 HZSM-5（25）上吡啶碱总收率得到显著性的增加，且 3- 甲基吡啶收率也达到 34.24%，高于其他相应的催化剂。

表 2.8　MgF_2 改性一系列分子筛的影响

催化剂	收率 /%					
	吡啶	2- 甲基吡啶	3- 甲基吡啶	2,6- 二甲基吡啶	吡啶碱	甲醇
MgF_2	0.67	0.05	3.24	0.48	4.44	17.05
HZSM-5	21.41	0.23	23.95	3.97	49.56	30.04
纳米级 HZSM-5	15.55	0	17.08	0.70	33.33	43.79
USY[a]	5.04	0.10	26.67	8.85	40.66	7.67
F /Mg–HZSM-5	14.59	0.19	25.38	2.78	42.94	1.06
F /Mg- 纳米级 HZSM-5	14.53	0.94	34.24	5.79	55.50	3.70
F /Mg–USY	7.04	0.11	22.81	6.13	36.09	9.31
F /Mg–USY[a]	2.50	0.09	21.20	10.26	34.05	8.95

注：反应条件：反应温度为 450 ℃，液相空速为 0.75 h^{-1}，丙烯醛二甲缩醛、氨和水摩尔比为 1∶3.5∶1，$t = 1 \sim 3$ h。[a] 反应温度为 500 ℃。吡啶碱总收率指吡啶、2-甲基吡啶、3- 甲基吡啶和 2,6- 二甲基吡啶收率之和。

表 2.9　不同催化剂的 NH_3–TPD 的结果

催化剂	$T_{m,i}$（℃）[a] 和 A_i（mmol/g）[b]								
	$T_{m,1}$	A_1	$T_{m,2}$	A_2	$T_{m,3}$	A_3	$T_{m,4}$	A_4	A_{total}
纳米级 HZSM-5	153	0.747	365	0.475	N.V	N.V	N.V	N.V	1.222

续表

催化剂	$T_{m,i}(\ ℃)^a$ 和 $A_i(mmol/g)^b$								
	$T_{m,1}$	A_1	$T_{m,2}$	A_2	$T_{m,3}$	A_3	$T_{m,4}$	A_4	A_{total}
F/Mg–纳米级 HZSM–5	139	0.430	N.V	N.V	459	0.050	704	0.032	0.512

注：$^a T_{m,i}$ 对应 i 的脱附温度，$^b A_i$ 对应 i 的峰面积，用来定量酸性，A_{total} 对应峰面积之和，$A_{total}=\Sigma A_i$，^{c} N.V：未检测出。

在这里对部分催化剂进行 NH_3-TPD 表征，具体结果见表 2.9。从表中可以看出，当 Mg 和 F 改性纳米级 HZSM-5 后，$T_{m,1}$ 对应的峰面积明显地下降，这归因于 Mg 和 F 共同作用的结果，$T_{m,2}$ 对应的峰消失，这归因于 Mg 中和了酸性位。出现了两个更强的新峰，即 $T_{m,3}$ 和 $T_{m,4}$，这归因于 F 改性 Mg-HZSM-5 过程中破坏了部分结构，从而产生了新的酸性位。

2.3.3.5 可能的反应路线

Sreekumar 等 [43] 报道了在 $Ni_{1-x}Co_xFe_2O_4$ 上吡啶和甲醇的烷基化反应。在催化剂的酸性位上甲醇发生脱氢成甲醛。吡啶抽取甲醇脱氢产生的氢原子和转化成二羟基吡啶。质子化甲醛作为亲核分子攻击吡啶分子中的 3 号位置，经脱水和双键重排，最终形成 3- 甲基吡啶。当甲醛和甲醇共存时，它们抑制甲基吡啶的形成，排除了吡啶和甲醛直接反应。当吡啶和甲醛以相同摩尔比反应时，甲醛转化成 3- 甲基吡啶，进一步证实了二羟基吡啶作为中间产物的证据。当通入过氧化氢时，可以抑制甲基吡啶的形成，排除了自由基的可能性。甲醛不能直接攻击吡啶分子 2 号位置，这与环状分子结构有关。甲醛与吡啶中氮原子的电子对进行相互作用而产生氮 - 甲基吡啶离子。当反应温度达到 300 ℃以上，它们发生双键重排而形成 2- 甲基吡啶。根据相似的路线，它产生 2,6- 二甲基吡啶。根据以上的分析，丙烯醛二甲缩醛和氨合成反应中，2- 甲基吡啶和 2,6-二甲基吡啶来自产物吡啶和丙烯醛二甲缩醛水解产物甲醇进行烷基化所致的结果，但它们的收率普遍较低，表明催化剂对该反应的活性不高。

2.3.4 丙烯醛二乙缩醛和氨合成吡啶碱的研究

2.3.4.1 金属氧化物体系

（1）MgF_2/Al_2O_3 催化剂
金属氧化物作为载体，具有合成简单、成本低和快速易得的优点。在早期合成吡啶和 3- 甲基吡啶的研究中,载体大多为 Al_2O_3 和 Al_2O_3-SiO_2。Al_2O_3 究竟是何种晶型值得探索。为此,我们筛选多种晶型 Al_2O_3 作为载体,以获得性能最好的 Al_2O_3 作为载体。考虑到液相产物复杂且较多,故仅计算吡啶和 3- 甲基吡啶收率。具体情况见表 2.10。从表中可以看出,当 MgF_2 作为催化剂时,吡啶和 3- 甲基吡啶总收率为 2.33%,其中,主要产物为吡啶;当 MgF_2 改性不同晶型的 Al_2O_3 时,其活性表现出较大的差异。当 MgF_2 改性 Al_2O_3 时,以碱性 Al_2O_3 为载体的催化剂的活性远高于其他的 Al_2O_3 为载体的催化剂的活性。随着反应时间的延长,在 MgF_2 改性碱性 Al_2O_3 上吡啶和 3- 甲基吡啶总收率的下降程度亦比其他改性催化剂更慢。由此可见,载体的差异对催化剂的性能产生巨大的影响。

表 2.10　不同载体的影响

催化剂	时间 /h	收率 /%		
		吡啶	3– 甲基吡啶	吡啶 +3– 甲基吡啶
MgF_2	1 ~ 3	1.53	0.80	2.33
1%MgF_2/ 碱性 Al_2O_3	1 ~ 3	7.85	10.83	18.68
	3 ~ 5	6.89	9.50	16.39
1%MgF_2/ γ –Al_2O_3	1 ~ 3	0.46	0.49	0.95
	3 ~ 5	0.33	0.35	0.68
1%MgF_2/ α –Al_2O_3	1 ~ 3	1.28	1.76	3.04
	3 ~ 5	0.55	0.58	1.13

注:反应条件:反应温度为 450 ℃,液相空速约为 0.85 h^{-1},催化剂用量为 1.5 g,丙烯醛二乙缩醛、水和氨摩尔比为 1∶1∶4。

　　为进一步证实载体效应的影响,对上述催化剂进行了 XRD 表征。从图 2.8 中可以看出,在三种晶型 Al_2O_3 上没有 MgF_2 的衍射峰,说明 MgF_2 高度分散在载体的表面上。另外,碱性 Al_2O_3 显示无定形的结构。据此可判断,酸 - 碱性是影响该反应的主要因素之一。MgF_2 具有弱 Lewis 性兼有碱性。在高温和水分下,Lewis 位转化成 Brønsted 位。因此,单独使用 MgF_2 作为催化剂时,它具有一定的催化活性。碱性 Al_2O_3 是一种典型的碱性载体,γ-Al_2O_3 是一种偏弱酸的载体,α-Al_2O_3 是无酸性和碱性的载体。当 Mg 和 F 对它们进行改性时,在其表面上形成新的物种 $AlFO_x$,充当 Brønsted 位的作用,加之,载体本身具有一定的碱性。因此,这种酸 - 碱性共同作用使得 MgF_2/ 碱性 Al_2O_3 的催化性能优于其他的催化剂。由此,可以得出该反应是一种酸 - 碱催化反应。

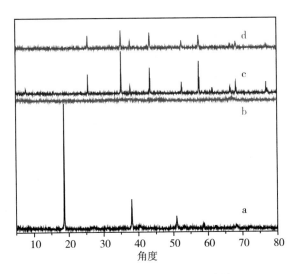

图 2.8　不同催化剂的 XRD 的结果

（a）MgF$_2$；（b）MgF$_2$/ 碱性 Al$_2$O$_3$；（c）MgF$_2$/ γ -Al$_2$O$_3$；（d）MgF$_2$/ α -Al$_2$O$_3$

（2）不同质量分数 MgF$_2$/ 碱性 Al$_2$O$_3$ 催化剂

　　为进一步验证碱性在该反应中的作用，通过改变碱性 Al$_2$O$_3$ 的量来调节催化剂的酸 - 碱性的变化。表 2.11 列举了 MgF$_2$ 对吡啶碱总收率的影响。从表中可以看出，当 MgF$_2$ 为催化剂时，吡啶碱总收率为 2.33%；当 1%MgF$_2$ 改性碱性 Al$_2$O$_3$ 时，吡啶碱总收率为 18.68%；继续增加 MgF$_2$ 的量，吡啶和 3- 甲基吡啶总收率的变化并不明显。在一定程度上表明，在酸性协助下碱性对该反应所发挥的作用有限，进一步证明了该反应需要强酸（特别是 Brønsted 位）。从表中还可以看出，随着反应时间的增加，在 MgF$_2$/Al$_2$O$_3$ 催化剂中，吡啶碱总收率下降亦不明显。

表 2.11　不同质量分数 MgF$_2$ 的影响

催化剂	时间 /h	收率 /%		
		吡啶	3- 甲基吡啶	吡啶 +3- 甲基吡啶
MgF$_2$	1 ~ 3	1.53	0.80	2.33
1%MgF$_2$/ 碱性 Al$_2$O$_3$	1 ~ 3	7.85	10.83	18.68
	3 ~ 5	6.89	9.50	16.39
10%MgF$_2$/ 碱性 Al$_2$O$_3$	1 ~ 3	4.63	5.84	10.47
	3 ~ 5	6.27	8.83	15.10

续表

催化剂	时间/h	收率/%		
		吡啶	3－甲基吡啶	吡啶 +3－甲基吡啶
20%MgF$_2$/ 碱性 Al$_2$O$_3$	1 ~ 3	8.12	9.59	17.71
	3 ~ 5	7.41	9.24	16.65

注：反应条件：反应温度为 450 ℃，液相空速约为 0.85 h^{-1}，催化剂用量为 1.5 g，丙烯醛二乙缩醛、水和氨摩尔比为 1∶1∶4。

（3）A$_x$B$_y$O$_z$ 催化剂。

为了证明 Lewis 位在反应中所起的作用，选用一系列含 Lewis 位或两性材料作为催化剂。金属氧化物是典型代表如 Al$_2$O$_3$。从表 2.12 中看出，当 γ-Al$_2$O$_3$ 为载体时，除 1%Pb/ γ-Al$_2$O$_3$ 上吡啶碱总收率为 2.49% 之外，其余催化剂上吡啶碱总收率均低于 1%，说明这些催化剂对该反应几乎没有催化活性。同样，以两性金属氧化物 TiO$_2$ 或 ZrO$_2$ 为载体时，它们表现出非常低催化活性，其吡啶碱总收率亦没超过 1%。这些数据说明了 Lewis 位或 Lewis 位 - 碱性位材料作为催化剂对该反应不起催化作用，可能是由于 Lewis 位易吸附氨，覆盖了它的活性位。由较小的分子合成环状的分子，需要对分子量小的分子进行质子化，而这种质子化对于 Lewis 位或碱性位上显得比较困难。

表 2.12　A$_x$B$_y$O$_z$ 催化剂的影响

催化剂	收率/%		
	吡啶	3－甲基吡啶	吡啶 +3－甲基吡啶
1%Fe/ γ –Al$_2$O$_3$	0.10	0.14	0.24
1%Cu/ γ –Al$_2$O$_3$	0.18	0.12	0.30
1%La/ γ –Al$_2$O$_3$	0.33	0.30	0.63
1%Pb/ γ –Al$_2$O$_3$	1.38	1.10	2.48
1%La/ZrO$_2$	0	0.81	0.81
1%Pb/ZrO$_2$	0.31	0.23	0.54
1.0%La/TiO$_2$	0.08	0.19	0.27
1.0%Pb/TiO$_2$	0.17	0.25	0.42

注：反应条件：反应温度为 450 ℃，液相空速约为 0.85 h^{-1}，催化剂用量为 1.5 g，丙烯醛二乙缩醛、水和氨摩尔比为 1∶1∶4。

（4）纯碱性催化剂

为进一步直观地证明碱性的作用,选用纯碱性材料作为催化剂用于该反应。从表 2.13 中,无论商业 MgO 还是 KF/Al$_2$O$_3$,吡啶碱总收率均比较低,未超过 1.5%。这表明纯碱性催化剂对该反应几乎不发挥催化作用。这是由于纯碱性催化剂加速丙烯醛聚合速率,从而减少了吡啶和 3- 甲基吡啶的形成。

表 2.13　纯碱性催化剂的影响

催化剂	时间 /h	收率 /%		
		吡啶	3- 甲基吡啶	吡啶 +3- 甲基吡啶
MgO （商业）	1 ~ 3	0.31	0.23	0.54
	3 ~ 5	0.21	0.15	0.36
20wt%KF / 碱性 Al$_2$O$_3$	1 ~ 3	0.86	0.49	1.35
	3 ~ 5	0.22	0.18	0.40

注:反应条件:反应温度为 450 ℃,液相空速约为 0.85 h^{-1},催化剂用量为 1.5 g,丙烯醛二乙缩醛、水和氨摩尔比为 1:1:4。

从反应机理角度上来看,丙烯醛二乙缩醛和水反应属于一种可逆反应。在酸性催化剂作用下分解成丙烯醛和乙醇。在一定条件下,它又发生丙烯醛和乙醇缩水反应,具体见主题 1。从理论上讲,两条反应路线即丙烯醛和乙醇与氨反应合成吡啶碱。一方面,醛类(主要指甲醛和乙醛)和氨制吡啶碱中存在两种比较成熟的反应机理。①亚胺过渡态机理[1,12]:吸附在催化剂的表面的醛类与分子筛中的 Brønsted 位作用形成碳正离子。然后,与 Lewis 位吸附的氨发生亲核取代反应,形成亚胺。两个亚乙胺分子和一个亚甲胺反应,脱除两个分子氨,形成中间过渡态。接着,中间过渡态环合并脱氢形成吡啶。三个亚乙胺分子通过类似路径生成 2- 甲基吡啶。②丙烯醛过渡态机理[13]:吸附在催化剂表面的乙醛与分子筛中的 Brønsted 位作用形成碳正离子。然后,它经过脱氢形成吸附态乙烯醇。吸附在催化剂表面的甲醛与分子筛中的 Brønsted 位作用形成碳正离子。一个甲醛的碳正离子与吸附态乙烯醇反应生成中间过渡态,过渡中间物经脱水和脱氢后形成丙烯醛,丙烯醛再与分子筛中的 Brønsted 位作用形成丙烯醛碳正离子。丙烯醛碳正离子与丙烯醛反应生成中间过渡态,过渡态中间物与被 Lewis 位吸附的氨环合并脱氢生成 3- 甲基吡啶。丙烯醛碳正离子与乙烯醇反应生成戊二醛,加氨环合生成吡啶。这里也可以发生两个吸附态乙烯醇反应生成中间过渡态,过渡中间物经脱水和脱氢后形成丁烯醛,丁烯醛再与分子筛中的 Brønsted 位作用形成丁烯醛碳正离子。丁烯醛碳正离子与乙烯醇反应,并加氨环合生成 2- 甲基吡啶或 4- 甲基吡啶,具体反应式可以见主题 2 ~ 5。从这两种反应机理上看,对醛类分子进行质子化,是实现合成吡啶碱的前提条件。这就需要催化剂具有 Brønsted 位。在上述研究的催化剂中,基本上属于 Lewis 位的催化剂。尽管在水存在条件下,实现部分 Lewis 位转换成 Brønsted 位,但毕竟这种可能性不大,活性评价的数据中吡啶碱总收率非常低正好反映了这一点。在酸性催化剂作用下,无论是 Brønsted 位还是 Lewis 位,均可吸附氨,如形成 NH_4^+,吸附态 NH_3 物种。考虑到 Brønsted 位吸附氨,可能影响到对有机物的质子化步骤。因此,最理想的吸附氨位为 Lewis 位。除此之外,脱氢步骤也是一种重要的过程,而碱性位是一种有效的脱氢活性位,但它仅作为一种助剂,这在考察纯碱性催化剂中吡啶碱总收率较低可以得到证明。

主题 1　丙烯醛二乙缩醛水解时的反应

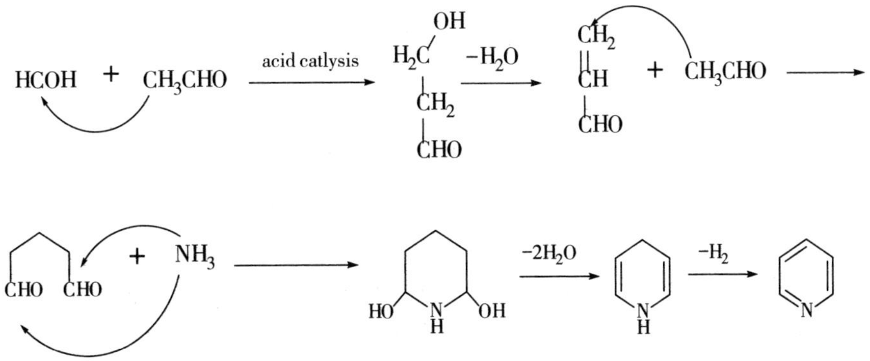

HCOH + CH₃CHO —acid catlysis→ H_2C〈OH, CH₂, CHO〉 −H₂O→ 〈CH₂, CH, CHO〉 + CH₃CHO →

〈CHO CHO〉 + NH₃ → 〈HO–N(H)–OH〉 −2H₂O→ 〈N,H〉 −H₂→ 〈N〉

主题 2　产生吡啶的反应

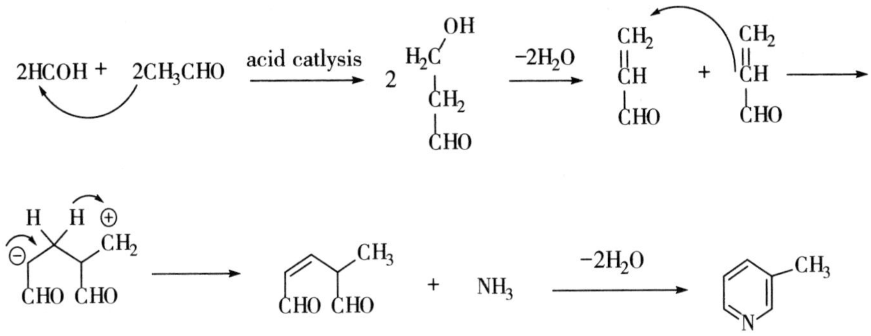

2HCOH + 2CH₃CHO —acid catlysis→ 2 H_2C〈OH, CH₂, CHO〉 −2H₂O→ 〈CH₂, CH, CHO〉 + 〈CH₂, CH, CHO〉 →

〈H H ⊕, ⊖ CH₂, CHO CHO〉 → 〈CH₃, CHO CHO〉 + NH₃ −2H₂O→ 〈N, CH₃〉

主题 3　产生 3–甲基吡啶的反应

2CH₃CHO —acid catlysis→ 〈CH₃, CH, CH, CHO〉 + 〈CH₃, HOC〉 → 〈CHO CHO〉

+ NH₃ —−2H₂O / −H₂→ 〈N, CH₃〉

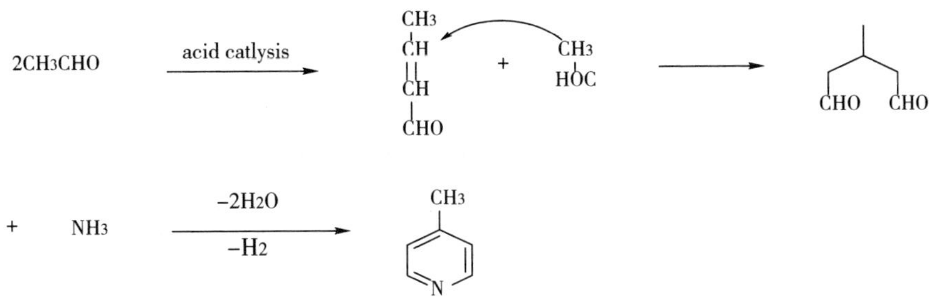

主题 4　产生 2–甲基吡啶的反应

2CH₃CHO —acid catlysis→ 〈CH₃, CH, CH, CHO〉 + 〈CH₃, CHO〉 → 〈CHO HC, CH₃, OH〉 + NH₃

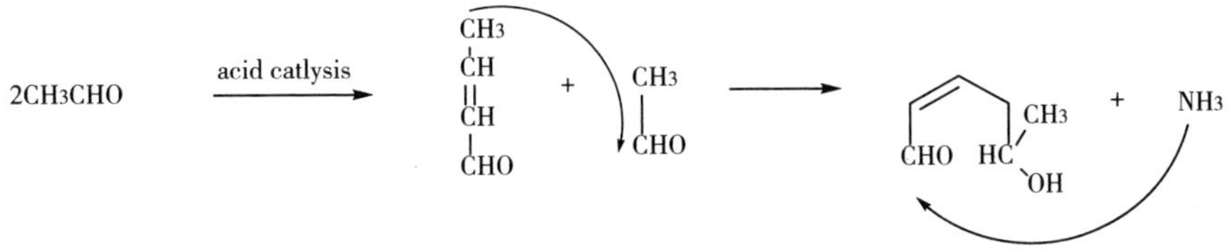

主题 5　产生 4–甲基吡啶的反应

　　另一方面,缩醛水解之后,产生大量的乙醇。有关乙醇和氨反应的报道不少。Chwegler 等[117]报道了在氢存在的前提下,先进行脱氢反应之后再加氢反应。具体步骤：在催化剂的作用下,醇分子首先脱去一分子氢而生成醛或酮。接着,醛或酮与氨反应生成中间态亚胺物种。最后,亚胺要么进行加氢反应生成胺类化合物,要么进行脱氢反应生成腈类化合物。Neylon 等[118]以乙醇、乙醛、乙烯和乙胺等为反应原料,在过渡金属氮化物上进行乙醇氨化反应。实验结果表明,乙醇先脱氢生成乙醛。乙醛与氨缩合生成中间态亚胺物种。最后,亚胺进行加氢反应得到乙胺。同时,乙醇还会发生分子内的脱水而生成乙烯。再与氨生成相应的胺。在氨情况下,该反应被抑制。Naik 等[119]以氧化锌负载 HZSM-5 为催化剂,用于乙醇氨化反应。研究发现,乙烯和乙醛是两种主要产物,其中,乙醛经氨化生成亚胺中间体。接着,它们快速地转化成乙胺和含氮杂环化合物。Vandergaag 等[25]报道了在空气下乙醇和氨制吡啶碱的研究,以 ZSM-5 比其他催化剂如 HY、HMordenite 或无定形 SiO_2-Al_2O_3 具有更高的选择性和 / 或活性。当空气切换成氮气时,它不会形成吡啶。冯成等[26]以 Pb-Fe-Co-ZSM-5 为催化剂,进行乙醇和氨制吡啶碱,液相产物主要为 2- 甲基吡啶和 4- 甲基吡啶,且收率不足 40%。综上所述,乙醇和氨合成吡啶碱,必须经过脱氢形成乙醛的中间步骤,且吡啶碱总收率不高。在我们反应体系中,采用氮气作为载气,乙醇发生脱氢成乙醛的可能性比较低,唯一途径是催化剂提供晶格氧对乙醇进行氧化。随着反应时间的延长,催化剂的晶格氧被不断地消耗,吡啶碱总收率越来越少,后期的研究证明了这一事实。在酸性催化剂作用下,丙烯醛二乙缩醛分解成丙烯醛和乙醇。与乙醇相比,丙烯醛化学性质更活泼。从动力学角度上看,丙烯醛和氨比乙醇和氨更容易获得吡啶碱。根据上述的分析,乙醇和氨进行反应,吡啶碱(指 2- 甲基吡啶和 4- 甲基吡啶)收率必然非常低。从反应产物可知,主要是吡啶和 3- 甲基吡啶,而 2- 甲基吡啶和 4- 甲基吡啶的量极其低,与分析结果非常吻合。

　　因此,结合反应机理的分析,寻找具有 Brønsted 位和碱性位或 Brønsted 位、Lewis 位和碱性位的催化剂体系是高催化性能的催化剂所十分必需的。分子筛便是一种好的选择。

2.3.4.2 微孔分子筛体系

分子筛是一类结构分布按照一定变化规律而形成的具有微或介孔的硅铝酸盐,其化学组成为: $M^{n+}: AlO_4: xSiO_2: yH_2O$,其中,M 代表金属阳离子,$n$ 代表金属阳离子的价态,x 代表硅铝比,y 代表饱和水分子数。由于它具有可调变的酸性、良好的水热稳定性、择形性等优点,因而它们被广泛应用到吸附、离子交换、催化、电学等领域。为此,选用几种典型的微孔分子筛作为参考,以获得性能较好的分子筛再进行深入的研究。

从表 2.14 中可以看出,HZSM-5 和 HY 表现出较好的催化性能,吡啶碱总收率达到 26% 以上。这些数据远高于其他分子筛上吡啶碱总收率,而 SBA-15、MCM-41 以及 4A 表现出非常差的催化性能,吡啶碱总收率不超过 2%。结合本反应的结果,可以得出酸性是影响其催化活性的主要因素。在微孔分子筛中,HY 的孔径(0.74 nm)大于 HZSM-5 的孔径(0.51 nm)。从 $t = 1 \sim 3$ h 到 $t = 3 \sim 5$ h 时,HY 上吡啶碱总收率仅下降 0.89%。在相同条件下,HZSM-5 上吡啶碱总收率却降低了 3.34%。可见,前者吡啶碱总收率的变化明显低于后者的变化。在这里,证实了孔结构主要影响催化剂的稳定性。综述以上两方面,可以得出孔结构和酸性是影响催化剂性能的主要因子。为此,选取常见的 HZSM-5 和 HY 为代表进行更深入地研究。

表 2.14　不同分子筛的影响

催化剂	时间 / h	收率 /%		
		吡啶	3- 甲基吡啶	吡啶 +3- 甲基吡啶
HY（5）	1 ~ 3	10.72	16.96	27.68
	3 ~ 5	10.16	16.63	26.79
HZSM-5（25）	1 ~ 3	19.81	18.80	38.61
	3 ~ 5	12.48	22.79	35.27
MCM-41	1 ~ 3	0.58	0.76	1.34
	3 ~ 5	0.28	0.43	0.71
SBA-15	1 ~ 3	0.74	0.27	1.01
	3 ~ 5	0.30	0.26	0.56
13X	1 ~ 3	8.22	20.26	28.48
4A	1 ~ 3	1.03	0.13	1.16

注:反应条件:反应温度为 450 ℃,液相空速约为 0.85 h^{-1},催化剂用量为 1.5 g,丙烯醛二乙缩醛、水和氨摩尔比为 1∶1∶4。

1. 微孔 HZSM-5 分子筛体系

（1）MgF_2 负载氧化铝和分子筛的比较

从表 2.15 中可以看出，以 HZSM-5 为载体的催化剂上吡啶碱总收率达到 31.76 %（$t = 1 \sim 3$ h），而以碱性 Al_2O_3 为载体的催化剂上吡啶碱总收率不及前者的 2/3。可见，分子筛在提高其催化活性具有显著性的作用，可能归于 HZSM-5 的强择形性和酸性的作用。

表 2.15　MgF_2 负载于氧化铝和分子筛的比较

催化剂	时间 / h	收率 /%		
		吡啶	3－甲基吡啶	吡啶 +3－甲基吡啶
MgF_2	1 ~ 3	1.53	0.80	2.33
MgF_2/ 碱性 Al_2O_3	1 ~ 3	7.85	10.83	18.68
	3 ~ 5	6.89	9.50	16.39
F/Mg-HZSM-5	1 ~ 3	15.21	16.55	31.76
	3 ~ 5	12.70	11.51	24.21

注：反应条件：反应温度为 450 ℃，液相空速约为 0.85 h^{-1}，催化剂用量为 1.5 g，丙烯醛二乙缩醛、水和氨摩尔比为 1∶1∶4。

（2）MgF_2 负载不同晶粒大小的 HZSM-5 的比较

从表 2.16 中可以看出，在 HZSM-5 上，吡啶碱总收率为 16.01%（$t = 1 \sim 3$ h）。Mg 和 F 改性之后，吡啶碱总收率提高近 2 倍，达到 31.76%。在纳米级 HZSM-5 上，吡啶碱总收率为 12.95 %（$t = 1 \sim 3$ h），低于 HZSM-5 上吡啶碱总收率。由于纳米级分子筛具有高比表面积和传质通道短等优点，有利于加快传质速率，从而提高催化剂的性能，说明比表面积的大小以及传质通道长短对本反应而言影响不大。与纳米级 HZSM-5 相比，F/Mg- 纳米级 HZSM-5 上吡啶碱总收率达到 38.05%，提高 3 倍多。由此可见，Mg 和 F 是一种良好的改性剂。这一结果高于 F/Mg-HZSM-5。

表 2.16　HZSM-5 的晶粒大小的影响

催化剂	时间 / h	收率 /%		
		吡啶	3－甲基吡啶	吡啶 +3－甲基吡啶
HZSM-5	1 ~ 3	8.40	7.61	16.01
	3 ~ 5	3.13	2.90	6.03
F/Mg-HZSM-5	1 ~ 3	15.21	16.55	31.76
	3 ~ 5	12.70	11.51	24.21

续表

催化剂	时间 / h	收率 /%		
		吡啶	3- 甲基吡啶	吡啶 +3- 甲基吡啶
纳米级 HZSM-5	1 ~ 3	8.87	4.08	12.95
	3 ~ 5	6.68	3.20	9.88
F/Mg- 纳米级 HZSM-5	1 ~ 3	20.37	17.68	38.05
	3 ~ 5	15.57	12.61	28.18

注：反应条件：反应温度为 450 ℃，液相空速约为 0.85 h^{-1}，催化剂用量为 1.5 g，丙烯醛二乙缩醛、水和氨摩尔比为 1 : 1 : 4。

（3）不同种类的活性组分改性 HZSM-5 的比较

①含氟的金属化合物改性 HZSM-5 的比较。

从图 2.9 中可以看出，在含碱性金属离子（K^+，Mg^{2+}，La^{3+}）的氟化物改性 HZSM-5 中，吡啶碱总收率变化不大，其值稳定在 36-39%。在这三种金属离子中，以含 Mg^{2+} 组分的催化剂表现出更好的催化活性。这是因为金属离子（K^+，Mg^{2+}，La^{3+}）的半径越大，进入 HZSM-5 孔道中越困难，大部分活性组分负载处于催化剂的表面上。Mg^{2+} 能较好地改变催化剂的酸 - 碱性，因而，它的催化活性相对较高。与 HZSM-5（38.61%）相比，在这些催化剂上吡啶碱总收率皆有下降。

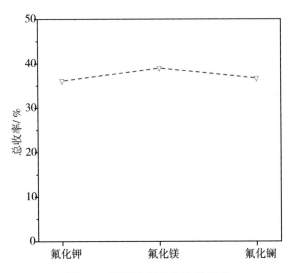

图 2.9　不同金属氟化物的影响

②不同酸性改性 HZSM-5 的比较。为改变 HZSM-5 的酸性,选用硼酸、氢氟酸、杂多酸、硫酸、磷酸负载在 HZSM-5 表面上。从图 2.10 中可以看出,负载氢氟酸和杂多酸的催化剂,表现出最好的催化活性,而负载磷酸的催化效果最差,结合图 2.12 中 XRD 的表征结果看,负载磷酸之后,催化剂的结构发生较大的变化。与 HZSM-5(38.61%)相比,除负载氢氟酸和杂多酸之外,其他酸种类负载催化剂上吡啶碱总收率皆下降。

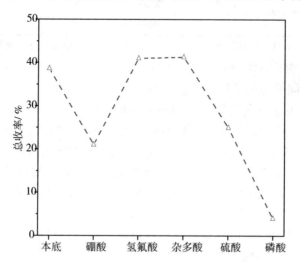

图 2.10　不同酸种类的影响

从上述不同酸种类的研究中可以看出,负载氢氟酸和杂多酸的催化剂上吡啶碱总收率有所提高。由于杂多酸水热稳定性比较差,故考察了不同含量的氢氟酸对吡啶碱总收率的影响。同时,选择硼酸改性的催化剂作为参照。图 2.11 表示不同含量的氢氟酸和硼酸对吡啶碱总收率变化的情况。从图中可以看出,当氢氟酸的负载量由 0% 增加至 1.0%,吡啶碱总收率由 38.61% 提高到 40.60%;继续增加至 10% 时,吡啶碱总收率发生显著性地下降。当硼酸负载量由 0% 增加至 1.0%,吡啶碱总收率由 38.61% 下降至 20.54%;继续增加至 10%,吡啶碱总收率不断地提高,达到 36.97%;继续增加至 15%,吡啶碱总收率开始下降。

图 2.12 所示为不同酸种类负载 HZSM-5 上 XRD 的表征结果。从表征结果上看,除负载磷酸之外,其他负载型催化剂基本上保持 HZSM-5 的衍射峰。同时,催化剂的结晶度都有下降,尤其是负载磷酸的催化剂,其结构发生较大的变化,基本上遭到严重的破坏,这是它的催化活性发生下降的主要原因。

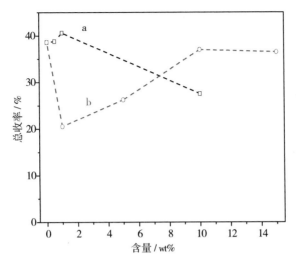

图 2.11　不同含量的酸种类的影响

（a）氢氟酸；（b）硼酸

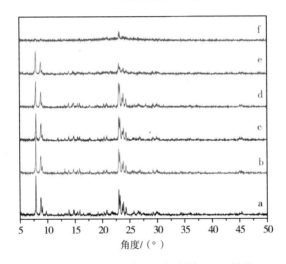

图 2.12　不同酸种类的催化剂的 XRD 结果

（a）本底；（b）硫酸；（c）杂多酸；（d）硼酸；（e）氢氟酸；（f）磷酸

③不同反应条件的考察。

a. 氧的影响。

从上述一系列催化剂的研究中,随着反应时间的延长,催化剂失活现象较严重,反应之后催化剂的颜色变黑。在本反应中,积碳是催化剂失活的一种形式。通入空气或氧气是延缓催化剂的失活一种有用的方法。从表 2.17 中看出,在 $t = 1 \sim 3\ h$ 内,吡啶碱总收率为 38.05%。通入氧之后,吡啶碱总收率仅有 29.53%。随着反应时间的延长,吡啶碱总收率发生显著性的变化,其值下降近 20%,而未通入氧,这期间内仅降低 10%。很显然,通入氧不利于提高吡啶碱总收率,这归于在催化剂下通入氧使得目标产物发生氧化或氨氧化反应,导致整个吡啶碱总收率下降,可能是大多数报道合成吡啶碱反应中不通氧的缘故。

表 2.17　有无氧的影响

反应条件	时间 / h	收率 /%		
		吡啶	3– 甲基吡啶	吡啶 +3– 甲基吡啶
无氧	1 ~ 3	20.37	17.68	38.05
	3 ~ 5	15.57	12.61	28.18
有氧(8.33vol%)	1 ~ 3	14.99	14.54	29.53
	3 ~ 5	5.61	3.98	9.59

注:反应条件:反应温度为 450 ℃,液相空速约为 0.85 h^{-1},催化剂用量为 1.5 g,丙烯醛二乙缩醛、水和氨摩尔比为 1:1:4。

b. 水分的影响。

水与催化剂表面上含碳物质进行反应,有利于延缓催化剂的寿命。在本研究中,除添加水进行水解缩醛之外,产物之一为水。这些水又与缩醛发生反应。因此,该反应不需要大量的水,还可以避免环境的污染。从表 2.18 中可以看出,与通入水相比,当不通入水时,吡啶碱总收率稍微高于前者。这时,有无水情况对整个体系的活性影响不明显。随着反应时间的延长,在无水情况下,吡啶碱总收率下降的程度明显地快于有水情况。由此可见,通入水的确有利于延缓催化剂的寿命。

表 2.18　有无水的影响

反应条件	时间 / h	收率(%)		
		吡啶	3– 甲基吡啶	吡啶 +3– 甲基吡啶
无水	1 ~ 3	15.01	18.10	33.11
	3 ~ 5	8.01	8.68	16.69
有水	1 ~ 3	15.21	16.55	31.76
	3 ~ 5	12.70	11.51	24.21

注:反应条件:反应温度为 450 ℃,液相空速约为 0.85 h^{-1},催化剂用量为 1.5 g,丙烯醛二乙缩醛、水和氨摩尔比为 1:1:4。

④催化剂的稳定性测试。

以 5 wt%Pb-F/Mg-HZSM-5 为催化剂,考察吡啶、3- 甲基吡啶和吡啶碱总收率随反应时间的影响,具体见图 2.13。当 $t = 1 \sim 3$ h 时,吡啶、3- 甲基吡啶和吡啶碱总收率分别为 18.57%、18.60%、37.17%,其中,吡啶/3- 甲基吡啶比约为 1。这一比例高于以甲醛、乙醛和氨合成吡啶碱的比率。继续进行反应,当 $t = 9 \sim 11$ h 时,吡啶碱总收率仅有 9.35%。在如此短时间内,吡啶碱总收率发生显著性地下降。可见,催化剂的失活较严重。因此,寻找一种高活性和寿命长的催化剂显得非常有必要。

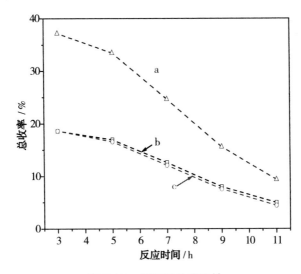

图 2.13　催化剂的稳定性

（a）吡啶 +3- 甲基吡啶；（b）吡啶；（c）3- 甲基吡啶

⑤以金属 M/HZSM-5 为催化剂。

a. 不同含量 Pb 或 La 负载 HZSM-5。

图 2.14 所示为不同含量 Pb 负载 HZSM-5 上吡啶碱总收率变化的情况。从图中可以看出,在 HZSM-5 上,负载 Pb 之后,吡啶碱总收率反而下降。当 Pb 含量低于或等于 5 wt% 时,吡啶碱总收率总体上变化不大;当负载量高于 5 wt% 时,吡啶碱总收率急剧性下降。

图 2.15 所示为不同含量 La 负载 HZSM-5 上吡啶碱总收率变化的情况。从图中可以看出,在 HZSM-5 上,负载 1 wt% La 之后,吡啶碱总收率稍微有所提高。当 La 含量等于或大于 5 wt% 时,吡啶碱总收率急剧性下降;继续增加 La 负载量时,吡啶碱总收率总体变化不大。

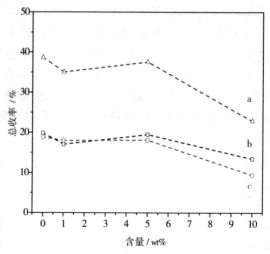

图 2.14　不同 Pb 含量的影响

（a）吡啶 +3- 甲基吡啶；（b）吡啶；（c）3- 甲基吡啶

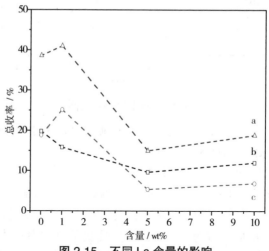

图 2.15　不同 La 含量的影响

（a）吡啶 +3- 甲基吡啶；（b）吡啶；（c）3- 甲基吡啶

　b. 两种不同金属负载 HZSM-5 催化剂。

　图 2.16 所示为不同含量 Pb（1%Pb-1%M）负载 HZSM-5 上吡啶碱总收率变化的情况。从图中可以看出，Pb-HZSM-5 基础上添加第二种金属，其催化效果影响较大。除 Pb-Fe-HZSM-5 上吡啶碱总收率有所提高之外，其余催化剂上的活性皆有降低，尤以 Pb-Co-HZSM-5 降低得最多。

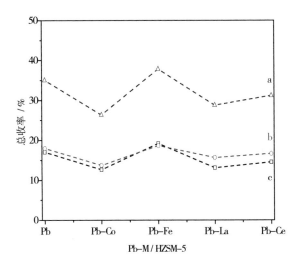

图 2.16　Pb/HZSM-5 上添加第二金属

（a）吡啶 +3- 甲基吡啶；（b）3- 甲基吡啶；（c）吡啶

c. 负载型 HZSM-5 的影响。

许多文献报道金属 - 沸石双功能催化剂[30,119]，如 Zn 和 HZSM-5，应用于许多反应。Zn- 或 Pb- 基分子筛是潜在合成吡啶碱的优异催化剂。为了增强催化效果，一定量(1 wt%)的系列金属负载 HZSM-5（25）表面上，具体评价结果见图 2.17。从图中可以看出，吡啶碱总收率大小顺序为：Zn > La > Ce > Pb > Ni > Fe > Bi > Co > Cu > Cr > Ag。在 HZSM-5（25）上，吡啶碱总收率为 38.61%。这解释是金属助剂和载体之间存在相互作用。这里清楚地显示出，Zn/HZSM-5 上吡啶碱总收率显著性地提高，达到 61.14%，远高于其他催化剂。ZnO 没有任何催化活性(吡啶和 3- 甲基吡啶总收率小于 0.5%)，表明 ZnO 是一种非常优异的助剂。其次，负载 La 之后，其吡啶碱总收率也达到 40.97%。对于其他催化剂而言，这些催化剂的催化活性均有下降，尤以 Ag-HZSM-5 最差，表明它们是一种有害的助剂。Co-HZSM-5 等催化剂在甲醛、乙醛和氨合成吡啶碱反应中表现出较高的催化性能，但在本研究中却表现相反的催化效果，这与反应原料的差异有关。本反应的原料为丙烯醛二乙缩醛，是一种大分子，而醛氨法中反应原料均为小分子。在分子筛中负载金属之后，大分子反应物受到的传质阻力必增大，停留孔内的时间更长，发生副产物的可能性亦变大，如 Ag-HZSM-5，由于 Ag 是一种强氧化性。因此，它加大了发生深度的氧化程度，使得吡啶碱总收率下降。

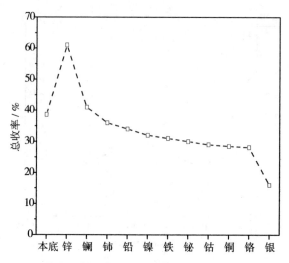

图 2.17　负载型 HZSM–5 对吡啶和 3– 甲基吡啶收率的影响

d. 金属改性 HZSM-5 催化剂。

为了完全地消除金属氧化物在孔内引起的空间位阻效应,同时又能调节酸性。采用离子交换法合成一系列金属改性 HZSM-5 的催化剂。从表 2.19 中可知,当 t =1 ～ 3 h 时,催化剂的活性大小顺序依次:Mg> 本底 > Co > Fe > Zn > La,且 Mg-HZSM-5 上吡啶和 3- 甲基吡啶总收率达到 45.69%,高于 HZSM-5,其余催化剂上吡啶碱总收率均低于对应的 HZSM-5。随着反应时间的延长,吡啶碱总收率下降至 35.69%,表明该催化剂失活比较严重。

表 2.19　单一金属改性 HZSM-5 的影响

催化剂	时间 / h	收率 /%		
		吡啶	3– 甲基吡啶	吡啶 +3– 甲基吡啶
载体	1 ～ 3	19.81	18.80	38.61
	3 ～ 5	12.48	22.79	35.27
La	1 ～ 3	15.04	17.92	32.96
	3 ～ 5	12.89	16.58	29.47
Mg	1 ～ 3	18.40	27.29	45.69
	3 ～ 5	14.22	21.47	35.69
Zn	1 ～ 3	14.41	19.86	34.27
	3 ～ 5	11.97	17.95	29.92

催化剂	时间 / h	收率 /%		
		吡啶	3- 甲基吡啶	吡啶 +3- 甲基吡啶
Co	1 ~ 3	14.75	21.95	36.70
	3 ~ 5	15.33	22.32	37.65
Fe	1 ~ 3	14.64	21.36	36.00
	3 ~ 5	11.57	16.88	28.45

注：反应条件：反应温度为 450 ℃，液相空速约为 0.85 h^{-1}，催化剂用量为 1.5 g，丙烯醛二乙缩醛、水和氨摩尔比为 1∶1∶4。

e. 其他催化剂。

从表 2.20 中可以看出，所有的催化剂上吡啶和 3- 甲基吡啶总收率稳定在 30% 左右，但它们有一个共同点是：对于 HZSM-5 而言，其稳定性不高，而引入这些组分后，它们的失活速率有所变慢，这为延缓催化剂的失活提供一条有用的思路。

表 2.20　其他组分的影响

催化剂	时间 / h	收率 /%		
		吡啶	3- 甲基吡啶	吡啶 +3- 甲基吡啶
La- 磷钨酸	1 ~ 3	12.43	19.08	31.51
	3 ~ 5	12.72	16.58	29.30
Mg-Co	1 ~ 3	13.64	18.47	32.11
	3 ~ 5	11.42	18.38	29.80
硅藻土	1 ~ 3	9.48	23.30	32.78
	3 ~ 5	8.67	21.37	30.04

注：反应条件：反应温度为 450 ℃，液相空速约为 0.85 h^{-1}，催化剂用量为 1.5 g，丙烯醛二乙缩醛、水和氨摩尔比为 1∶1∶4。

2. 微孔 HY 分子筛体系

Y- 型沸石（$Na_{56}(AlO)_2 \cdot SiO_2)_{136} \cdot nH_2O$)，因具有良好的催化性能，在石油的催化裂化、烷基化、脱水等反应中被大量的使用。在比较分子筛的考察中可知（见表 2.14），HZSM-5 上吡啶碱总收率高于相应的 HY，但对于反应稳定性而言，前者不如后者，主要归于孔结构的影响。HY 是一种高铝分子筛，其上酸性较多，特别是 Brønsted 位，有助于积碳的生成。因此，通过引入碱性助剂如 La，KF 使其上酸性下降，从而调节催化剂的

酸 - 碱特性。

（1）La/HY。从表 2.21 中看出，采用浸渍法合成 La/HY，当 La 负载量由 0% 增加至 1% 时，吡啶碱总收率由 27.68% 提高至 39.13%；继续增加 La 负载量至 10%，吡啶碱总收率不断地下降。从图 2.18 中 XRD 表征可知，即使负载少量（1%）La 时，催化剂的强度明显变弱。图中所有的样品中没有 La 物种的衍射峰，表明该物种高度分散于 HY 表面上，这时空间位阻效应的作用显得有限。由此可见，通过 La 调变催化剂的酸 - 碱性比孔结构的影响更大。对液相产物而言，与 La/HZSM-5 相比，La/HY 上副产物变得更多，这归于 HY 上酸性较多，发生副反应的可能性更大。在离子交换法合成 La/HY 中，与 HY 相比，吡啶碱总收率由 27.68% 提高至 40.07%。这一数值与浸渍法合成 1%La/HY 上吡啶碱总收率比较接近。由于该法可使 La 离子进入 HY 的孔道或笼中，但 La 离子半径较大。因此，进入 La 离子的量显得非常有限。当 t = 3 ~ 5 h 时，不同方法合成的 La/HY 的催化活性相差较大，离子交换法合成的 La/HY 上吡啶碱总收率下降的速率明显高于对应的浸渍法的催化剂。在 t = 1 ~ 3 h 时，La 处于何种位置如骨架内或外上，似乎对吡啶碱总收率的影响不大。La 处于骨架中主要影响 HY 的酸性，而 La 负载表面上，对 HY 的作用不仅调变其酸性，而且影响其孔结构。

表 2.21　La/HY 上不同 La 含量的影响

催化剂	时间 / h	收率 /%		
		吡啶	3- 甲基吡啶	吡啶 +3- 甲基吡啶
HY（5）	1 ~ 3	10.72	16.96	27.68
	3 ~ 5	10.16	16.63	26.79
1%La/HY（5）[a]	1 ~ 3	13.19	21.14	34.33
	3 ~ 5	12.32	19.78	32.1
5%La/HY（5）[a]	1 ~ 3	8.96	15.01	23.97
	3 ~ 5	10.24	16.80	27.04
10%La/HY（5）[a]	1 ~ 3	7.96	11.08	19.04
	3 ~ 5	9.24	13.06	22.3
10%La/HY（5）[b]	1 ~ 3	12.16	27.91	40.07
	3 ~ 5	10.52	23.97	34.49

注：反应条件：反应温度为 450 ℃，液相空速约为 0.85 h^{-1}，催化剂用量为 1.5 g，丙烯醛二乙缩醛、水和氨摩尔比 1：1：4。[a] 浸渍法；[b] 离子交换法。

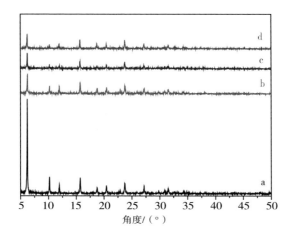

图 2.18　不同 La 含量的 XRD 结果

（a）0%；（b）1%；（c）5%；（d）10%

（2）KF/HY。从表 2.22 中可以看出,采用浸渍法合成不同含量 KF/
HY,当 KF 负载量由 0% 增加至 1% 时,吡啶碱总收率由 27.68% 提高至
42.58%;继续增加 KF 负载量达到 10%,吡啶碱总收率不断地下降。从
图 2.19 中 XRD 表征可知,即使负载少量(0.5%)KF 时,催化剂的强度
发生显著性地变小。图中所有的样品中没有 KF 的衍射峰,表明该物种
高度分散在 HY 的表面上。随着 KF 负载量的增多,催化剂的结构发生
较大的变化,特别是当负载量达到 5% 以上时,几乎没有任何晶相的衍射
峰。但这时吡啶碱总收率仍然达到 25.01%,基本上比较接近 HY 的催化
活性,表明 KF 调变催化剂的酸 - 碱性比孔结构的影响更大。当 KF 负载
量达到 10% 时,吡啶碱总收率不及 2%,表明催化剂的结构已遭严重的破
坏,归于氟离子与分子筛中硅离子结合生成氟化硅(SiF_4)并以气态形式
而挥发掉。在 500 ℃焙烧 KF/HY,在相同条件下,吡啶碱总收率不如在
700 ℃焙烧获得的催化剂。进一步延长反应时间时,在所有的含 KF 催化
剂中,吡啶碱总收率的下降速率皆比 HY 的快,由于 KF 水溶性比较强,
从 HY 表面上流失,因而它们的失活速率更快。

表 2.22　不同含量的 KF 的影响

催化剂	时间 / h	收率 /%		
		吡啶	3- 甲基吡啶	吡啶 +3- 甲基吡啶
HY（5）	1 ~ 3	10.72	16.96	27.68
	3 ~ 5	10.16	16.63	26.79

续表

催化剂	时间 / h	收率 /%		
		吡啶	3– 甲基吡啶	吡啶 +3– 甲基吡啶
0.5%KF/HY（5）[a]	1 ~ 3	10.09	26.12	36.21
	3 ~ 5	8.80	22.60	31.40
0.5%KF/HY（5）[b]	1 ~ 3	10.83	30.07	40.90
	3 ~ 5	11.12	20.37	31.49
1.0%KF/HY（5）[b]	1 ~ 3	11.20	31.38	42.58
	3 ~ 5	8.55	23.81	32.36
5.0%KF/HY（5）[b]	1 ~ 3	9.97	15.04	25.01
	3 ~ 5	9.49	13.98	23.47
10.0%KF/HY（5）[b]	1 ~ 3	0.67	1.17	1.84
	3 ~ 5	0.36	0.42	0.78

注：反应条件：反应温度为 450 ℃，液相空速约为 0.85 h^{-1}，催化剂用量为 1.5 g，丙烯醛二乙缩醛、水和氨摩尔比为 1∶1∶4。[a] 500 ℃焙烧；[b] 700 ℃焙烧。

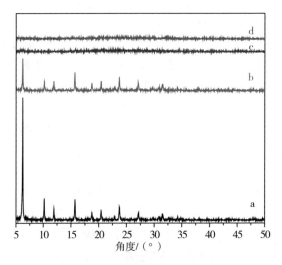

图 2.19　不同 KF 含量的 XRD 结果

（a）0%；（b）0.5%；（c）5%；（d）10%

3. 双微孔 HY/HZSM-5 分子筛体系

单纯考察 HZSM-5 的酸性对催化活性或 HY 的孔结构对催化剂的稳定性的影响，结合两种微孔分子筛，弥补各自的优缺点，具体结果见表

2.23。从表中可以看出,当 $t = 1 \sim 3$ h 时,在双微孔分子筛上吡啶碱总收率皆高于各自的单一分子筛。按相同质量比的 HY 与 HZSM-5 和纳米级 HZSM-5 混合时,其吡啶碱总收率为 47.66% 和 32.59%。当 HY/HZSM-5 质量比由 1∶1 变成 1∶3 时,吡啶碱总收率显著性提高至 56.59%,说明这时两种分子筛的协调效应发挥到最优状态。继续增加 HZSM-5 的量时,吡啶碱总收率为 43.04%,稍微高于相应的 HZSM-5,这是由于 HZSM-5 量越来越多,复合分子筛之间的协调效应变得越来越弱。在最优比的复合分子筛上负载 ZnO 时,吡啶碱总收率继续增加至 59.04%。图 2.20 表示不同催化剂的 XRD 结果。从图中可以看出,复合分子筛的结晶度均不如单一分子筛。当 HY/HZSM-5 质量比为 1∶1 和 1∶3 时,它们的衍射峰的相对强度相差不大,大多的衍射峰显示为 HZSM-5 特征,较少的衍射峰显示为 HY 特征,类似核 - 壳型催化剂。相比于前两者的比例,以质量比为 1∶5 混合时,HZSM-5 的衍射峰的强度变得更强,而 HY 衍射峰的强度却刚好相反,表明 HY 被包覆越来越多,因而显示出更多的 HZSM-5 特征,而非两种复合分子筛的特征,吡啶碱总收率的变化规律正好反映了这一事实。随着反应时间的延长($t = 3 \sim 5$ h),吡啶碱总收率的下降比较严重,这归因于微孔的位阻效应。

表 2.23　HY/HZSM-5 上对吡啶和 3- 甲基吡啶总收率的影响

催化剂	时间 / h	收率 /%		
		吡啶	3- 甲基吡啶	吡啶 +3- 甲基吡啶
HY（5）	1 ~ 3	10.72	16.96	27.68
	3 ~ 5	10.16	16.63	26.79
HZSM-5（25）	1 ~ 3	13.64	24.97	38.61
	3 ~ 5	12.48	22.79	35.27
纳米级 HZSM-5	1 ~ 3	8.8	4.08	12.88
	3 ~ 5	6.68	3.20	9.88
（1/1）HY（5）/HZSM-5（25）	1 ~ 3	16.57	31.09	47.66
	3 ~ 5	15.14	29.24	44.38
（1/1）HY（5）/ 纳米级 HZSM-5（25）	1 ~ 3	10.66	21.93	32.59
	3 ~ 5	1.89	3.36	5.25
（1/3）HY（5）/HZSM-5（25）	1 ~ 3	20.47	36.12	56.59
	3 ~ 5	15.06	26.79	41.85

催化剂	时间/h	收率/%		
		吡啶	3-甲基吡啶	吡啶+3-甲基吡啶
（1/5）HY（5）/HZSM-5（25）	1～3	15.13	27.91	43.04
	3～5	13.33	26.00	39.33
1% Zn-[（1/3）HY（5）/HZSM-5（25）]	1～3	24.70	34.34	59.04
	3～5	19.46	30.12	49.58

注：反应条件：反应温度为 450 ℃，液相空速约为 0.85 h^{-1}，催化剂用量为 1.5 g，丙烯醛二乙缩醛、水和氨摩尔比为 1:1:4。

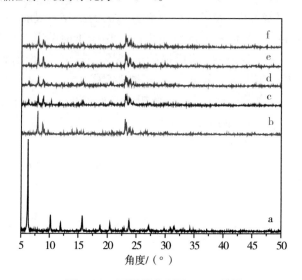

图 2.20　不同催化剂的 XRD 结果

（a）HY；（b）HZSM-5；（c）（1/1）HY-HZSM-5；（d）（1/3）HY-HZSM-5；
（e）（1/5）HY-HZSM-5；（f）Zn/[（1/3）HY-HZSM-5]

2.4　小　结

（1）在气相丙烯醛和氨合成吡啶碱的研究中，筛选了一系列催化剂，其中，以 F/Mg-HZSM-5 为催化剂，反应温度为 425 ℃，液相空速为 0.86 h^{-1}，丙烯醛、氨和水摩尔比为 1:2:1 时，吡啶和 3-甲基吡啶总收率达到 53 % 左右。但该催化剂经再生后不能恢复到原来的水平。此外,该反应还存在堵塞反应管道的问题,使得反应仅运行较短时间便不得不停止。

（2）在气相丙烯醛二甲缩醛和氨合成吡啶碱的研究中,以 HZSM-5 为催化剂,反应温度为 450 ℃,液相空速为 0.75 h^{-1},丙烯醛、氨和水摩尔比为 1∶3.5∶1 时,吡啶碱总收率达到 50% 左右。当催化剂粒径为 20 ~ 40 目和气体的停留时间小于 0.08 s 时,可以消除催化剂的内、外扩散效应的影响。当 Mg 和 F 改性纳米级 HZSM-5 时,3- 甲基吡啶收率达到 34.24%。该合成路线具有一个突出的特点:产物中没有 4- 甲基吡啶,且能稳定运行。

（3）在气相丙烯醛二乙缩醛和氨合成吡啶碱的研究中,筛选了四大体系的催化剂。研究结果如下:

①以金属氧化物或改性金属氧化物为系列催化剂,吡啶和 3- 甲基吡啶总收率皆非常低。

②在 HZSM-5 体系中,采用多种方法负载活性种类。在它们中,以 Zn 为活性组分,采用浸渍法负载活性组分到 HZSM-5 上,表现出最好的催化性能。

③在HY体系中,负载La或KF于载体表面上,与未负载催化剂相比,吡啶和 3- 甲基吡啶总收率增加了 13 ~ 15%。

④在HY/HZSM-5 体系中,当 HY 和 HZSM-5 质量比为 1∶3 时,吡啶碱总收率达到最高,远高于各自的单一分子筛。负载一定量 ZnO 时,吡啶碱总收率得到进一步的增加。

第 3 章　碱处理分子筛上丙烯醛缩醛和氨合成吡啶碱

3.1 引　言

　　除了与吡啶分子尺寸接近之外，HZSM-5 还具有很多优点，如水热稳定性强、可调变的酸性和择形性。因此，在合成吡啶碱的反应中，它比金属氧化物和其他常见的分子筛表现出更好的催化性能。ZnO 负载到金属氧化物或沸石上，作为一种高效的催化剂，被大量地应用到各种各样的反应中[25, 119]，如异构化和芳构化反应。这主要基于它比常见的过渡金属氧化物具有更强的脱氢能力。当与 HZSM-5 相互作用形成 Zn/HZSM-5，应用于乙醇 / 氨、乙醇 / 甲醛 / 氨合成吡啶碱反应中，与 HZSM-5 相比，Zn/HZSM-5 表现出明显的增强效应。有报道表明[25]，添加 ZnO 对吡啶的收率几乎没有影响，但对产物分布有着明显的影响。许多理论和表征揭示了在 HZSM-5 里出现了许多种锌物种。尽管如此，在合成吡啶碱反应中，对 Zn/HZSM-5 研究并不详细。

　　虽然 Zn/HZSM-5 具有高的催化性能，但催化剂失活仍然是一种难题。这种失活主要受孔结构和酸性的影响。一种有用的策略是通过碱处理分子筛，不仅可以改变孔结构，而且还可以调变酸性。这样一来，可有效地增强催化剂的稳定性。因此，它们被大量地应用到不同的反应中。有报道[68]，这种方法合成的催化剂被放大到公斤级的水平，从而具有非常大的工业应用潜力。尽管如此，一些文献报道在甲醛 / 乙醛 / 氨合成吡啶碱中[7]，碱处理 HZSM-5 比未处理 HZSM-5 的稳定性方面稍微地增加，意味着较大的孔径不能有效地提高催化剂的稳定性。作为一种好的选择是碱 - 酸连续处理分子筛，与碱处理分子筛相比，在一些反应中表现出更好的催化性能。例如，Fernandez 等[85] 报道了碱 - 酸连续处理 HZSM-5（标记为 HZSM-

5-At-acid）比碱处理 HZSM-5 具有更高的对二甲苯的选择性和更慢的催化剂的失活速率。作为另一种好的选择，ZnO 负载到 HZSM-5 和 HZSM-5-At（碱处理 HZSM-5）上，其催化性能获得明显的提高。将 ZnO 负载到 HZSM-5-At-acid 上，期待能得到好的催化性能。积碳在合成吡啶碱反应中是一种常见的现象，常导致催化剂的快速失活。显然，需要再生才能更长的使用。据报道[53]，在合成吡啶碱反应中，当使用一种有效的再生方法，可以使催化剂重复使用的次数增加。但是，这种方法使用到昂贵贵金属。因此，非常有必要开发一种有效和低成本的再生方法。通过对 HZSM-5 进行碱 - 酸连续处理，然后负载 ZnO，其寿命得到大大地提高。采用适合的再生方法，吡啶和 3- 甲基吡啶总收率继续增加。

3.2　实验部分

（1）碱处理或碱 - 酸联合处理合成催化剂。配制一定浓度（优先考虑 0.2 mol/L）的 NaOH 溶液，加热至一定温度（优先考虑 80 ℃），加入一定量分子筛（1 g 样品 /10 mL 水），恒温下剧烈搅拌 0.5 h，之后，迅速冷却至室温，过滤，冲洗至中性，100 ℃干燥一晚上。将干燥好的样品磨细，加入 1.0 mol/L NH$_4$NO$_3$ 溶液中（1 g 样品 /10 mL 水），于 80℃离子交换 6 h，过滤，冲洗，100 ℃干燥，反复 2～3 次，最终于 550 ℃焙烧 4 h，即得到碱处理分子筛，标记为 HZSM-5-At。取一定量碱处理分子筛，加入 0.1 mol/L HCl 溶液中，于 70 ℃离子交换 6 h，过滤，冲洗至中性，100 ℃干燥一晚上，550 ℃焙烧 4 h，即得到碱 - 酸联合处理分子筛，标记为 HZSM-5-At-acid。

（2）浸渍法合成催化剂。取一定质量的含可溶性金属盐（金属硝酸盐和金属氟化盐）溶液和载体（分子筛）进行等体积浸渍，在室温下剧烈搅拌 24 h，100 ℃干燥一晚上，500 ℃焙烧 4 h，即得到浸渍法合成的金属氧化物或分子筛。除非特别说明，ZnO/HZSM-5，ZnO/HZSM-5-At，ZnO/HZSM-5-At-acid 分别简写为 Zn/HZSM-5，Zn/HZSM-5-At，Zn/HZSM-5-At-acid。

3.3 结果与讨论

3.3.1 Zn/HZSM–5 上合成吡啶碱的研究

（1）ZnO 上不同载体的影响

表 3.1 列举了不同载体上含锌催化剂对吡啶碱总收率的结果。在不同催化剂下,丙烯醛二乙缩醛转化率相当高。无论在强酸还是在弱酸上,在有水条件下该反应原料非常不稳定。这里注意到液相中主要产物为吡啶和 3- 甲基吡啶,而其他甲基吡啶收率非常低。从表中可以看出,当反应时间为 1 ~ 3 h 时,以 Al_2O_3 为载体时,其表现出的催化活性非常低。这归于它的酸性非常弱。具有强酸的分子筛如 HZSM-5 和 HY,吡啶碱收率较高（20 ~ 70%）,其大小顺序为: ZnO/HZSM-5 > ZnO/HZSM-5（纳米级）> ZnO/HY > ZnO/ α -Al$_2$O$_3$。很显然, ZnO/HZSM-5 表现出最高的催化性能。

表 3.1 不同载体的影响

催化剂	时间 / h	收率 /%		
		吡啶	3- 甲基吡啶	吡啶 +3- 甲基吡啶
ZnO/ α –Al$_2$O$_3$	1 ~ 3	3.79	0.81	4.60
	3 ~ 5	0.80	0.11	0.91
ZnO/HY（5）	1 ~ 3	7.91	20.04	27.95
	3 ~ 5	3.87	10.48	14.35
ZnO/HZSM-5（25）	1 ~ 3	26.87	34.27	61.14
	3 ~ 5	19.69	25.30	44.99
ZnO/HZSM-5（25）（纳米级）	1 ~ 3	23.92	22.94	46.86
	3 ~ 5	20.28	19.62	39.90

注:反应条件:反应温度为 450 ℃,液相空速约为 0.85 h^{-1},催化剂用量为 1.5 g,丙烯醛二乙缩醛、水和氨摩尔比为 1∶10∶4。

表 3.2　部分催化剂的孔结构的结果

催化剂	S_{BET}/ ($m^2 \cdot g^{-1}$)	S_{micr}/ ($m^2 \cdot g^{-1}$)	S_{ext}/ ($m^2 \cdot g^{-1}$)
α –Al$_2$O$_3$	1.6	N.V	1.6
HY	524.2	449.8	74.4
HZSM–5	336.5	304.4	32.1

注：S_{BET}，S_{micr} 和 S_{ext} 分别指比表面积,微孔面积和外表面积,$S_{BET} = S_{micr} + S_{ext}$。
N.V：未检测出。

表 3.2 列举了催化剂的孔结构的结果。从表中可以看出,催化剂的比表面积的大小顺序为: HY > HZSM-5 > α -Al$_2$O$_3$。除此之外,它们的孔径大小顺序为: HY > HZSM-5。与相应的 Zn 催化剂相比,其比表面积大小与催化活性不成比例关系。由此可见,孔结构不是影响吡啶碱总收率的重要因素。当反应时间为 3 ~ 5 h 时,催化剂的活性皆下降。从表中可以看出,在 ZnO/HY 上,吡啶碱总收率由 27.95% 急剧地下降至 14.35%。在 ZnO/HZSM-5 上,吡啶碱总收率从 61.14% 减少到 44.99%。作为这两种催化剂的对照实验,ZnO/HZSM-5（纳米级）却表现出最慢的下降趋势,吡啶碱总收率从 46.86% 下降至 39.90%。这归于纳米级 HZSM-5 具有较短的传质通道,有利于加快传质速率。总之,在本研究的催化剂中, HZSM-5 是合成吡啶碱最好的载体。由于 HY 和 HZSM-5 是常见的强酸性催化剂,故本反应主要是进行酸性催化反应,且载体的性质对吡啶碱收率影响较大。

（2）HZSM-5 中 Si/Al 比的影响

图 3.1 显示的 HZSM-5 和 Zn/HZSM-5 中 Si/Al 比对吡啶碱总收率的结果。从图中可以看出,一种特别的变化趋势被观察到。当 Si/Al 比由 25 逐渐升高至 360 时,吡啶碱总收率的变化趋势呈现出先降低后升高。事实上,这些结果似乎与平常在其他反应中变化规律有所冲突。一般情况下,在 HZSM-5 中, Al 含量越高,催化剂的酸量越大。因此,仅有的解释是具有适当的酸性比较适合其他副反应而不是目标产物的发生,因为 Si/Al 比无论高还是低,其上吡啶和 3- 甲基吡啶总收率相对较高。Reddy 等 [120] 采用 TPDA 检测表明, Al^{3+} 浓度与吡啶碱总收率密切相关。尽管如此,这些作者们没有深入地进行详细的研究。当 ZnO 负载到 HZSM-5 上,相似的催化活性规律也被观察到。相对于 HZSM-5 而言,这些含 ZnO 的催化剂上吡啶碱总收率明显地得到提高。从图中还可以看出,随着 Si/Al 比继续增加,吡啶碱总收率有不断增大的趋势。

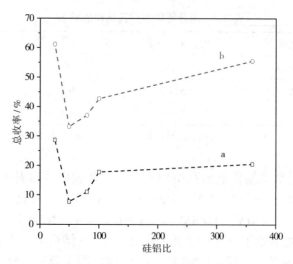

图 3.1　HZSM–5 中不同 Si/Al 比的影响

（a）HZSM-5；（b）Zn/HZSM-5

表 3.3 表示 Zn/HZSM-5 中 Si/Al 比在不同反应时间对吡啶碱总收率变化的影响。从表中可以看出，当 Si/Al 比为 360 时，吡啶碱总收率处于 $t = 3 \sim 5$ h 时仅有 13.34%，明显低于在 $t = 1 \sim 3$ h 时吡啶碱总收率为 55.51%，而在 Si/Al 比为 25 时，在相同时间段吡啶碱总收率为 44.99% 和 61.14%。可见，Si/Al 比高的催化剂尽管有不断提高的趋势，但是催化剂的失活速率较快。积碳首先发生在分子筛的孔道内，逐渐地积累至孔外表面积。当 Si/Al 比越高时，催化剂的酸量就越少。随着反应时间的延长，积碳的量就越多，逐渐地覆盖孔内的酸性位，由于酸性位大量地减少使得其催化活性显著性地下降，而当 Si/Al 比越低时，催化剂的酸量越多。即使孔内酸性位逐渐地被覆盖，但其外表面上有较多的酸性位，可以继续地催化目标产物的生成，这时催化剂的失活速率相对较慢。由于外表面上存在大量的酸性位，发生副反应的可能性变得更大，因而产生的副产物会变得更多，这也可以从气相色谱图中得到很好的反映。综上所述，这些实验结果为我们提供了一种良好的证据：该反应需要较多的酸性（Si/Al = 25）和一种有效的助剂（ZnO）可获得更高的吡啶碱总收率。

表 3.3　HZSM-5 中 Si/Al 比与反应时间的影响

催化剂	时间 / h	收率 /%		
		吡啶	3- 甲基吡啶	吡啶 +3- 甲基吡啶
Zn/HZSM-5（25）	1 ~ 3	26.87	34.27	61.14
	3 ~ 5	19.69	25.30	44.99

续表

催化剂	时间 / h	收率 /%		
		吡啶	3- 甲基吡啶	吡啶 +3- 甲基吡啶
Zn/HZSM–5（360）	1 ~ 3	32.70	22.81	55.51
	3 ~ 5	7.83	5.51	13.34

注：反应条件：反应温度为 450 ℃，液相空速约为 0.85 h^{-1}，催化剂用量为 1.5 g，丙烯醛二乙缩醛、水和氨摩尔比为 1∶10∶4。

（3）反应温度的影响

图 3.2 所示为 HZSM-5 和 Zn/HZSM-5 上不同反应温度对吡啶碱总收率的结果。从图中可以看出，随着反应温度的增加，吡啶碱总收率也随之增加。本反应的最优化反应温度为 450 ℃，这时形成其他产物变得更少。在较低反应温度时，特别是低于 400 ℃时，形成的目标产物变得极其低，这归于在低温时该反应发生的可能性变得更少。这时，反应温度起着主导作用。因此，在 HZSM-5 和 ZnO/HZSM-5 上吡啶碱总收率比较接近。当反应温度高于 450 ℃时，其他产物形成变得更多，这是由于发生裂解反应程度更大。随着反应温度的增加，反应后的催化剂的颜色不断地加深。可见，积碳是一种重要的副产物。在较高温度时催化剂表面上 Brønsted 位发生脱羟基生成 Lewis 位，从而导致整个吡啶碱总收率的下降。一些研究者们对醛类和氨反应研究中表明[7]，Brønsted 位可使反应物形成碳正离子，而这些离子对最终形成的吡啶碱起着关键作用。

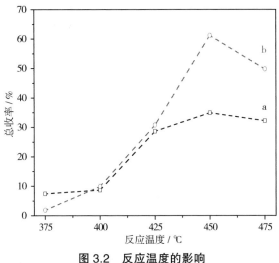

图 3.2　反应温度的影响

（a）HZSM-5；（b）Zn/HZSM-5

（4）液相空速的影响

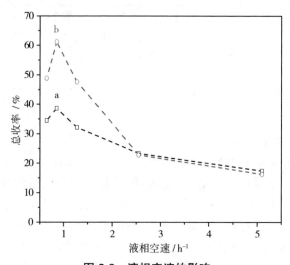

图 3.3　液相空速的影响

（a）HZSM-5；（b）Zn/HZSM-5

　　图 3.3 所示为 HZSM-5 和 Zn/HZSM-5 上不同液相空速对吡啶碱总收率的结果。从图中可以看出，当液相空速由 0.64 h^{-1} 增加至 0.85 h^{-1} 时，吡啶碱总收率不断地增加；当液相空速为 0.85 h^{-1} 时，吡啶碱总收率达到最高值；继续增加液相空速，吡啶碱总收率不断地降低。液相空速越低，反应物在催化剂表面上停留的时间会变得越长，反应进行的更完全。但是，不可避免地发生更多的副反应，这是由于反应物或产物和催化剂之间吸附的能力变得更强，从而影响目标产物的脱附和加速催化剂的失活。如果液相空速越高时，反应的接触时间较短，催化剂表面上活性位没有完全地发挥作用。这时，催化剂的影响越来越小。因此，这些结果提供了一个很好的证据：该反应需要适当的液相空速（0.85 h^{-1}）才能获得更好的吡啶碱总收率。

　　（5）缩醛与氨摩尔比的影响

　　Golunski 等 [1]、Calvin 等 [12]、Singh[13] 等提出吡啶碱形成机理是在催化剂的酸性位上对反应物吸附以形成碳正离子为反应的第一步骤。亲核离子在催化剂表面上形成吸附亚胺物种，最后它进行环化反应。Jin 等 [7]、Singh 等 [13] 认为氨涉及最后一步反应中。因此，反应物之间的比例是形成吡啶碱一种重要的参数。Beschke 等 [14] 报道了在不同反应条件下含碳原料与氨摩尔比为 0.5 ~ 1.0。本研究中丙烯醛二乙缩醛与氨摩尔比在 0.17 ~ 0.5 变化。图 3.4 表示 HZSM-5 和 Zn/HZSM-5 上不同氨的量对吡啶碱总收率的结果。当缩醛与氨摩尔比从 1∶2 到 1∶4 时,吡啶碱总收率不断地增加;当缩醛与氨摩尔比为 1∶4 时,吡啶碱总收率达到最大值;继续增加氨的量,反应体系的碱性不断的增加,使得丙烯醛和 / 或相关的中间产物的聚合速率必然会加快,从而形成更多的副产物。另外,多余的氨毒害催化剂表面的酸性位。因此,吡啶碱总收率开始下降。从图中还可以看出,添加 Zn 之后,吡啶碱总收率皆增加,说明 Zn 能够加速氨参与该反应。

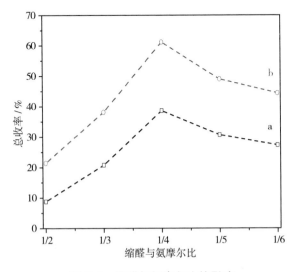

图 3.4　缩醛与氨摩尔比的影响

（a）HZSM-5；（b）Zn/HZSM-5

（6）缩醛与水摩尔比的影响

本研究中,水与缩醛摩尔比在较大范围 0 ~ 10 变化以鉴定吡啶碱总收率的影响。图 3.5 表示 HZSM-5 和 Zn/HZSM-5 上水的量对吡啶碱总收率的结果。从图中可以看出,与通入水分相比,当不通入水时,Zn/HZSM-5 上吡啶碱总收率仅为其最高收率的一半左右,而在 HZSM-5 上吡啶碱总收率不及 1%,说明该反应没有足够水,仅在催化剂上存在微量水参与丙烯醛二乙缩醛水解,因而限制了其发挥更大的作用;另一方面,水分有助于减缓催化剂的失活速率。在 HZSM-5 上,随着水含量的不断增加,吡啶碱总收率基本上保持不变的趋势,说明丙烯醛二乙缩醛发生水解不需要大量的水。在 Zn/HZSM-5 上,随着水量的增加,吡啶碱总收率不断的增加。

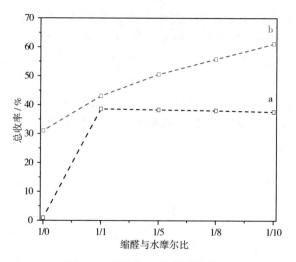

图 3.5 缩醛与水摩尔比的影响

（a）HZSM-5；（b）Zn/HZSM-5

（7）合成方法的影响

表 3.4 列举了不同制备法合成的 Zn/HZSM-5 对吡啶碱总收率的结果。从表中可以看出，在三种合成法中，采用浸渍法合成的催化剂显示出最高的吡啶碱总收率。与 HZSM-5 相比，采用离子交换法合成的 Zn/HZSM-5，吡啶碱总收率反而下降。在机械混合法中，与 HZSM-5 相比，它的催化活性得到了显著性地提高。Hagen 等[121]报道在 720 K 以上时 ZnO 和 HZSM-5 之间会发生一种固相反应，形成锌离子新物种，这些锌离子物种被证明是乙烷转化的活性物种。从上述结果可以看出，在本研究中，相比 HZSM-5 而言，其上吡啶碱总收率有一定的提高，暗示采用机械法合成中 ZnO 与 HZSM-5 之间发生固相反应程度较高，它并不取决于 ZnO 含量而与 HZSM-5 独特的结构有关。因为采用浸渍法中 ZnO 和 HZSM-5 之间强相互作用比机械混合法更强。通过观察表中研究结果进一步证实浸渍法比机械混合法产生更多的 Zn 物种，这归于 ZnO 和 HZSM-5 之间强相互作用。相反，采用离子法合成 Zn/HZSM-5 和在 HZSM-5 孔里存在两种 Zn 物种：Zn（OH）$^+$ 位于单独的 Al 中心和 Zn^{2+} 位于两个 Al 之间。采用 TPDA 和 FTIR 数据证明它是一种强 Lewis 位[122]。为了平衡电荷，ZnOH$^+$ 分解成 Zn（H$_2$O）$^{2+}$。但是，这些物种在本研究中并不是活性物种。除此之外，第三种物种，即 ZnOZn^{2+} 物种仅只能由浸渍法来合成。因此，高度分散的 ZnO 和多种 Zn 阳离子物种位于 HZSM-5 孔道和外表面上，在合成吡啶碱中发挥重要的作用。

表 3.4　合成方法的影响

催化剂	收率 /%		
	吡啶	3- 甲基吡啶	吡啶 +3- 甲基吡啶
Zn/HZSM-5（E）	14.41	19.86	34.27
Zn/HZSM-5（M）	16.09	31.75	47.84
Zn/HZSM-5（I）	26.87	34.27	61.14

　　注：反应条件：反应温度为 450 ℃，液相空速约为 0.85 h^{-1}，催化剂用量为 1.5 g，丙烯醛二乙缩醛、水和氨摩尔比为 1∶10∶4，$t = 1 \sim 3$ h。E：离子交换法；M：机械混合法；I：初始浸渍法。

　　图 3.6 显示不同制备方法合成含锌的 HZSM-5 的紫外 - 可见光谱的结果。在 Zn/HZSM-5（M）和 Zn/HZSM-5（W）催化剂上，可在约 368 nm 处上观察到一种吸附光谱，这归于大孔颗粒 ZnO[123]。这说明大孔 ZnO 颗粒分散在 HZSM-5 的外表面积上。同时，在约 275 nm 处可观察到一个吸附峰，这归于直径约为 1 nm 的 ZnO 簇[123]。这说明 ZnO 簇在 HZSM-5 的通道中形成。在 Zn/HZSM-5（W）-10（Zn 负载量为 10wt%）上，在约 368 nm 处可明显地观察到一个吸附峰，进一步说明大孔 ZnO 颗粒和 ZnO 簇分别分布在 HZSM-5 的外表面和通道中。除 Zn/HZSM-5（W）-10 之外，其他两种催化剂上，在约 220 nm 处可观察一个吸附峰，这归于锌物种和载体中晶格氧离子的相互作用结果[123]。因此，多种锌物种出现在 HZSM-5 的孔通道和外表面上，它们对提高吡啶和 3- 甲基吡啶总收率起着重要的作用。令人兴趣的是，在 Zn/HZSM-5（W）和 Zn/HZSM-5（M）上，可获得 30% 以上收率的 3- 甲基吡啶，这说明选择合适的催化剂可调变产物分布。

　　（8）Zn 负载量的影响

　　表 3.5 列举了 Zn 负载量对吡啶碱总收率的影响。从表中可以看出，当 Zn 负载量为 1 wt% 和 3 wt% 时，吡啶碱总收率达到 50%。这些结果高于相应的本底催化剂，说明 Zn 和 HZSM-5 相互作用有利于增强催化性能，从而促进吡啶碱总收率的提高。当锌负载量达到 5 wt%，吡啶碱总收率开始下降，仅有 37.35%，特别是当 Zn 负载量达到 10 wt% 时，吡啶碱总收率下降的趋势更快。一般来说，载体对活性组分有一定的分散度。当它低于该值时，活性组分以单层形式高度分散于载体上。在这种情况下，由于与载体存在相互作用的缘故，它常产生新的物种；当它高于该值

时,形成较大的颗粒。这种理论用 XRD 表征可以证明。

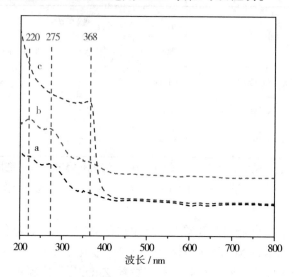

图 3.6　不同催化剂的 UV-vis DRS 的结果

（a）Zn/HZSM-5（M）；（b）Zn/HZSM-5（W）；

（c）Zn/HZSM-5（W）-10；Zn 负载量为 10 wt%

表 3.5　不同 Zn 含量的影响

Zn 含量	时间 / h	收率 /%		
		吡啶	3－甲基吡啶	吡啶 +3－甲基吡啶
1%	1 ～ 3	26.87	34.27	61.14
	3 ～ 5	19.69	25.30	44.99
3%	1 ～ 3	25.29	27.78	53.07
	3 ～ 5	22.53	25.65	48.18
5%	1 ～ 3	20.68	16.67	37.35
	3 ～ 5	15.13	14.04	29.17
7%	1 ～ 3	10.84	8.55	19.39
	3 ～ 5	7.51	7.09	14.60
10%	1 ～ 3	4.47	3.47	7.94
	3 ～ 5	1.48	1.13	2.61

注：反应条件：反应温度为 450 ℃,液相空速约为 0.85 h⁻¹,催化剂用量为 1.5 g,
丙烯醛二乙缩醛、水和氨摩尔比为 1∶10∶4。

图 3.7 显示是不同 Zn/HZSM-5 的 XRD 结果。在低 Zn 负载量时,没有检测到 ZnO 的衍射峰(2θ = 31.6°、34.2°、36.1° 和 56.6°),表明 ZnO 晶粒高度分散在载体表面上,可能的原因是它们的尺寸大小以此 XRD 仪器无法检测到;在高 Zn 负载量时(10 wt%),检测出 ZnO 衍射峰。ZnO 晶粒大小可通过谢乐夫公式来计算 $d = 0.89\lambda/(\beta\cdot\cos\theta)$,其中, λ 代表波长, θ 代表 Bragg 衍射角, β 代表半衍射峰。从这个公式可以计算出,当 Zn 负载量为 10 wt% 时,ZnO 晶粒尺寸大小为 26 nm。这一结果表明,随着 Zn 负载量的增加,它们的晶粒大小也随着增加。在 HZSM-5 上出现较大的金属氧化物颗粒会使孔口变窄,也会使其比表面积变少。另外,它也会减少催化剂的酸度。

（ 9 ）Zn 前驱物的影响

Liang 等[124] 在研究 ZnCl₂ 改性 ZSM-5 时,发现催化剂损失导致一部分 Brønsted 位被损失,同时,一些新的弱 Lewis 酸性被产生,而这些酸性位被证明是一种无活性物种。El-Malki 等[125] 也发现 ZnCl₂ 与 ZSM-5 表面上 Brønsted 位反应时,由于 ZnCl₂ 沸点低极易气化并释放 HCl,导致其酸性下降。另外, ZnCl₂ 可与 ZSM-5 孔内 OH 基团反应。因此, Zn 前驱物对 Zn/HZSM-5 具有重要的影响。表 3.6 列举了 Zn 前驱物合成 Zn/HZSM-5 对吡啶碱总收率的影响。从表中可以看出,当使用硝酸锌作为 Zn 前驱物时,以此合成的 Zn/HZSM-5 上吡啶碱总收率明显高于其他两种 Zn 前驱物合成的催化剂。这表明,硝酸锌是一种良好的 Zn 前驱物。当使用氯化锌作为 Zn 前驱物合成的 Zn/HZSM-5 时,与本底的样品相比,吡啶碱总收率有所降低。一些研究者们[126-129] 认为在载体上 Zn²⁺ 和 Cl⁻ 发生反应形成新的物种如 ZnOₓClᵧ。对于本反应而言,这些新物种可能强烈地吸附氨物种,由此它们不能参与反应,从而减少了吡啶碱总收率。当使用醋酸锌作为 Zn 前驱物时,吡啶碱总收率仅稍微地有所增加。一方面,醋酸锌在浸渍过程中因水解生成氢氧化锌而沉积在载体的外表面上;另一方面,醋酸锌聚合物因它的尺寸的缘故而沉积在分子筛的外表面上。很显然, Zn 优先地沉积在 HZSM-5 的外表面上,导致分子筛的孔口尺寸也有所降低。由于 HZSM-5 的催化活性位点主要位于微孔里,加之,丙烯醛二乙缩醛具有较大的分子尺寸,从而 Zn 前驱物很难进入到微孔里。这些因素使得 Zn/HZSM-5 的催化性能增加受限。

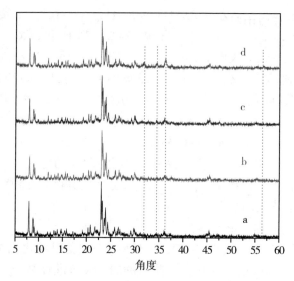

图 3.7　不同 Zn 负载量的 XRD 的结果

（a）3 wt%；（b）5 wt%；（c）7 wt%；（d）10 wt%

表 3.6　Zn 前驱物的影响

Zn 前驱物	收率 /%		
	吡啶	3– 甲基吡啶	吡啶 +3– 甲基吡啶
载体	19.81	18.80	38.61
氯化锌	15.08	23.04	38.12
乙酸锌	18.76	21.58	40.34
硝酸锌	26.87	34.27	61.14

注：反应条件：反应温度为 450 ℃，液相空速约为 0.85 h^{-1}，催化剂用量为 1.5 g，丙烯醛二乙缩醛、水和氨摩尔比为 1∶10∶4。

（10）Zn-M/HZSM-5 的影响

为了进一步提高催化性能，我们尝试在载体上采用双金属负载，具体结果见表 3.7。从表中可以看出，在 Zn/HZSM-5 基础上负载另一种金属之后，其催化效果皆下降，其大小顺序：Mo ＞ K ＞ Fe ＞ Co ＞ Ni，主要因为金属的氧化性有强弱之分。Jekewitz 等[130] 和 Zhang 等[131] 报道含 Mo 和 / 或 Fe 组分常常是一类完全或选择性氧化的优良催化剂，如丙烯醛选择性氧化成丙烯酸。故负载 Mo、Fe、Co 等之后，由于它能部分氧化丙烯醛，减少了与氨的反应的概率，导致吡啶碱总收率的下降。K 易加速丙烯醛的聚合速率，同样引起吡啶碱总收率的下降，但它有利于减缓催化剂的失活速率。本反应中脱氢的过程是一种速控步骤,虽然 Ni 具有较强的脱氢能力,但不如 Zn 脱氢能力。因此,负载 Zn-Ni 活性组分不如纯 Zn 组分具有更强的脱氢能力。很显然,其上吡啶碱总收率不如后者。

表 3.7　Zn 与另一金属负载于微孔 HZSM-5 上的比较

催化剂	时间 / h	收率 /%		
		吡啶	3- 甲基吡啶	吡啶 +3- 甲基吡啶
1%Zn	1 ~ 3	26.87	34.27	61.14
	3 ~ 5	19.69	25.30	44.99
0.5%Mo-1%Zn	1 ~ 3	20.74	21.98	42.72
	3 ~ 5	17.75	21.02	38.77
0.5%Ni-1%Zn	1 ~ 3	21.47	29.01	50.48
	3 ~ 5	15.76	23.64	39.40
0.5%Co-1%Zn	1 ~ 3	19.67	28.77	48.44
	3 ~ 5	14.91	23.34	38.25
0.5%Fe-1%Zn	1 ~ 3	20.49	26.07	46.56
	3 ~ 5	20.30	28.92	49.22
0.5%KF-1%Zn	1 ~ 3	18.29	26.28	44.57
	3 ~ 5	18.33	26.95	45.28

注:反应条件:反应温度为 450 ℃,液相空速约为 0.85 h^{-1},催化剂用量为 1.5 g,丙烯醛二乙缩醛、水和氨摩尔比为 1:10:4。

（11）Zn/HZSM-5 的稳定性

图 3.8 表示 HZSM-5 和 Zn/HZSM-5 上吡啶碱总收率随反应时间变化的情况。从图中可以看出,以 Zn/HZSM-5 作为催化剂,当反应时间为 1 ~ 3 h 时,吡啶碱总收率为 61.14%;当反应时间达到 5 h 时,吡啶碱总收率降低至 44.99%;继续增加反应时间至 7 h 时,吡啶碱总收率下降的程度更快;当反应时间达到 9 h 时,这种下降的趋势有所减慢;当反应时间达到 11 h 时,吡啶碱总收率为 31.48%。这种高收率的吡啶碱至少维持 3 h。作为对照实验,以 HZSM-5 为催化剂,当反应时间为 1 ~ 3 h 时,吡啶碱总收率为 38.61%;当反应时间达到 5 h 时,吡啶碱总收率降低至 32.60%;继续增加反应时间,吡啶碱总收率缓慢下降。除此之外,在 Zn/HZSM-5 上,3- 甲基吡啶 / 吡啶的比率在 5 h 内基本上不变化,当反应时间达到 7 h,这种比率显著地增加。之后,随着反应时间的增加,这种比率

基本上保持不变。类似地，在 HZSM-5 上，当反应时间为 3 h 时，3- 甲基吡啶 / 吡啶的比率保持在 1 左右；当反应时间增加至 5 h，这种比率迅速地增加，继续增加反应时间，这种比率基本上保持不变。上述结果说明在 HZSM-5 和 Zn/HZSM-5 上，3- 甲基吡啶 / 吡啶的比率变化规律很相似。随着反应时间的增加，3- 甲基吡啶在一定程度上得到增加，表明积碳改变目标产物的选择性。

采用不同的分析方法，产物以三种相态存在：

①气态产物：少量的 CO_x 和不明的气体如胺类。CO_x 主要来自于在反应过程中中间产物分解所致，如在形成积碳过程中，由于仪器的限制，一些胺类无法检测到。

②液态产物：除吡啶、2- 甲基吡啶、3- 甲基吡啶和 4- 甲基吡啶之外，一些其他的吡啶衍射物包括 2- 乙基吡啶、3，5- 二甲基吡啶、2- 甲基 -5- 乙基吡啶等，这类产物被认为是高沸点的产物，其他产物如乙醛、乙腈、苯的衍射物如苯酚等，这类产物被认为是低沸点的产物。事实上，这些低、高沸点产物都是高附价值的化学品，尽管它们的含量很低（<20%）。Balasamy 等[132] 提出间二甲苯在分子筛上发生异构化时，主要产物为对二甲苯。与间二甲苯相比，试图采用择形性的观点来解释，意味着如果 3- 甲基吡啶在 ZSM-5 上发生异构化时，形成更多的 2- 甲基吡啶和 4- 甲基吡啶。尽管如此，这是一种失败的解释，因为在本研究中吡啶的收率远高于 2- 甲基吡啶和 4- 甲基吡啶收率。我们课题组报道了在低温液相条件下，以改性 HZSM-5 为催化剂，3- 甲基吡啶收率高达 60%[21]。因此，在反应过程中，吡啶来自 3- 甲基吡啶或其他甲基吡啶发生脱甲基所致。值得注意的是，吡啶可以由丙烯醛、乙醛和氨合成而得，其中，乙醛在反应过程中通过乙醇脱氢来获得。接着，乙醛和氨反应生成 2- 甲基吡啶和 4- 甲基吡啶。表 3.8 列举了不同催化剂上重要产物的分布情况。从表中可以看出，在 HZSM-5 上添加 Zn 之后，无论是吡啶和 3- 甲基吡啶，还是 2- 甲基吡啶和 4- 甲基吡啶，均增加。即使 Zn/HZSM-5 上酸性不同，各产物分布也有不同。当 Si/Al = 25 和 Si/Al = 360 时，在吡啶碱总收率相接近的情况下，后者 2- 甲基吡啶和 4- 甲基吡啶的总收率明显的高于前者 2- 甲基吡啶和 4- 甲基吡啶的总收率。

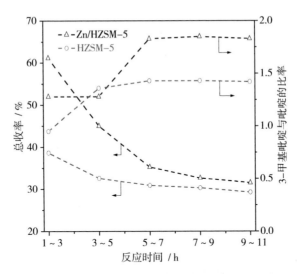

图 3.8　催化剂的稳定性测试

表 3.8　合成吡啶碱的重要产物的分布

催化剂	收率 /%				
	吡啶	2- 甲基吡啶	3- 甲基吡啶	4- 甲基吡啶	吡啶碱[a]
HZSM-5	19.80	0.31	18.81	0.36	39.28
Zn/HZSM-5[b]	26.87	3.01	34.27	4.03	68.18
Zn/HZSM-5[c]	32.70	7.46	22.81	5.52	68.49

注：反应条件：反应温度为 450 ℃，液相空速约为 0.85 h^{-1}，催化剂用量为 1.5 g，丙烯醛二乙缩醛、水和氨摩尔比为 1∶10∶4。[a]：吡啶碱总收率指吡啶、2- 甲基吡啶、3- 甲基吡啶和 4- 甲基吡啶各收率之和，[b]：HZSM-5 中 Si/Al = 25，[c]：HZSM-5 中 Si/Al=360。

③固态产物：积碳。在反应后的催化剂上，看到不同程度的黑色，表明大量的碳沉积在催化剂的表面上。从 TG-DSC 表征结果中可以得到进一步证实，具体见图 3.9。积碳源自于聚合物在高温下分解所致。这些聚合物来自于丙烯醛和 / 或相关的中间产物的聚合所致。除此之外，一些产物如吡啶碱强烈地吸附在催化剂的酸性位上。很显然，它们分解成含碳沉积物。反应后的催化剂在空气下 550 ℃处理 2 h，它的颜色与新鲜的催化剂的颜色基本上一致，表明积碳是催化剂失活的最主要的原因。这种分析可由 XRD 表征进行证明，具体见图 3.10。从图中可以看出，再生的催化剂显示出 HZSM-5 的衍射峰，表明反应 - 再生循环之后，催化剂的结构没有明显变化。

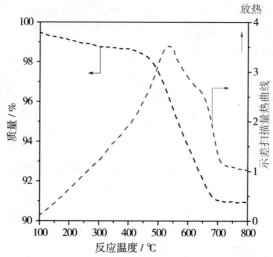

图 3.9   失活后的 Zn/HZSM–5 的 TG–DSC 结果

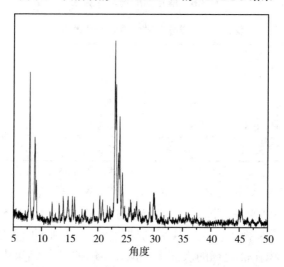

图 3.10   再生后 Zn/HZSM–5 的 XRD 结果

　　表 3.9 列举了不同催化剂的比表面积的结果。从表中可以看出,与新鲜的催化剂相比,失活后的催化剂的比表面积大幅度地减少。经再生处理之后,比表面积基本恢复到原来的水平,表明积碳通过覆盖或阻塞催化剂的表面或孔口,导致催化剂的比表面积减少。很显然,在再生之后,Zn/HZSM-5 催化剂的结构是稳定的。

表 3.9 不同催化剂的孔结构的结果

催化剂	S_{BET}/ ($m^2 \cdot g^{-1}$)	S_{micr}/ ($m^2 \cdot g^{-1}$)	S_{ext}/ ($m^2 \cdot g^{-1}$)
新鲜的 Zn/HZSM–5	336.8	299.1	37.7
失活的 Zn/HZSM–5	13.8	10.5	3.4
再生的 Zn/HZSM–5	314.9	301.4	13.5

注：S_{BET}、S_{micr} 和 S_{ext} 分别指比表面积、微孔面积和外表面积，$S_{BET}=S_{micr}+S_{ext}$。

3.3.2 Zn/HZSM–5–At–acid 上合成吡啶碱的研究

前期的实验表明，在 HZSM-5 中，当 $t = 1 \sim 3$ h 时，吡啶碱总收率为 39%；当反应时间达到 11 h，吡啶碱总收率下降至 29%。相反，HZSM-5-At 的初始活性没有增强。这一差异归于在 NaOH 处理时，在脱硅过程中一些沉积物沉积在载体上，这些沉积物是一种弱酸性位，同时它们堵塞分子筛的孔道。Ogura 等[66]认为在碱处理过程中形成一层无定形二氧化硅而沉积在 HZSM-5 的表面上。同时，这一过程也发生脱铝行为。Jin 等[7]采用表征手段揭示在碱处理过程中产生两种新铝物种，如骨架外 Al 物种和无定形 Al 物种，从而降低了 Brønsted 与 Lewis 的比例。因此，这些因素不利于吡啶碱收率的提高。随着反应时间的延长，HZSM-5-At 的寿命稍微较长，可能是由于 HZSM-5-At 存在多级孔结构的缘故。在温和的酸处理过程中，碱处理的样品的孔结构和酸性进一步发生改变。当 $t = 1 \sim 3$ h 时，HZSM-5-At-acid 上吡啶碱总收率约为 38%，高于 HZSM-5-At 上相应的值，表明两步处理之后其催化活性得到进一步地增强。Fernandez 等[85]报道仅碱处理 HZSM-5 外表面积和孔口处的酸性显著性提高，HCl 处理之后，催化剂的性能得到进一步地提高。除此之外，与 HZSM-5 相比，HZSM-5-At 和 HZSM-5-At-acid 随着反应时间的延长，其上吡啶碱总收率下降的程度变得更慢，表明在处理过样品中引入多级孔结构能够提高传质速率。显然，它延长了催化剂的寿命。

采用浸渍法将 Zn 添加到 HZSM-5 和处理过 HZSM-5 的表面上，吡啶碱总收率得到显著性地增加，具体结果见图 3.11。很明显，ZnO 和载体之间的协调效应提升了其催化活性，这是金属负载催化剂最重要的特征之一。Zn/HZSM-5 和 Zn/HZSM-5-At-acid 上吡啶碱总收率（$t = 1 \sim 3$ h）均高达 61%。然而，Zn/HZSM-5-At 上吡啶碱总收率仅有 53%。在 Zn/HZSM-5 和 Zn/HZSM-5-At 上，当 $t = 1 \sim 3$ h 到 $t = 3 \sim 5$ h 时，吡啶碱总收率分别由 61.14% 和 53.34% 下降至 44.99% 和 42.26%。这表明 Zn/HZSM-5 的失活的程度比 Zn/HZSM-5-At 更严重，归于 Zn/HZSM-5 是一

种纯微孔分子筛的缘故。这一结果与 HZSM-5 能很好的吻合。对于 Zn/
HZSM-5-At-acid 而言，它能保持初始吡啶碱总收率的 70% 水平的时间
高达 53 h，而 Zn/HZSM-5 和 Zn/HZSM-5-At 上维持这一水平仅有 5 h。
由此可见，仅有 Zn/HZSM-5-At-acid 不仅增加吡啶和 3- 甲基吡啶总收率，
而且大大地增强催化剂的稳定性。

　　孔结构和酸性是合成吡啶碱的两个重要因素。例如，Jin 等 [7] 报道
了在催化剂里存在多级孔结构能增强催化剂的稳定性。Singh 等 [13] 报道
了酸性对吡啶和 3- 甲基吡啶收率有着重要的影响。Zn/HZSM-5 和 Zn/
HZSM-5-At-acid 上初始吡啶碱总收率基本上相同，虽然后者的孔结构发
生一定的变化，暗示本反应的活性主要取决于催化剂的酸性。令人惊奇
的是，Zn/HZSM-5-At 上初始吡啶碱总收率的活性最低。这进一步证实
丙烯醛二乙缩醛合成吡啶碱反应中起活性作用是酸性。催化剂的寿命受
孔结构和酸性的影响。不同之处，Song 等 [99] 报道在合成异辛烷反应中，
采用碱 - 酸处理合成 HZSM-5 的活性不如碱处理，虽然该反应也主要取
决于其酸性，但这些差异并没有被这些作者进行深入地探索。Li 等 [102]
报道由于介孔的存在使得 Zn 物种与 HZSM-5 上 Brønsted 位之间的距离
得到缩短，导致中间产物更快地到达 Zn 位进行脱氢步骤。同时，微孔的
位阻效应得到尽量的减少。Ni 等 [133] 认为 Zn 物种不仅能催化烷烃和烯
烃发生脱氢，而且在 C-H 活化过程中它能增加脱附的氢原子进行重排。
这些研究与我们的结果基本上保持一致。

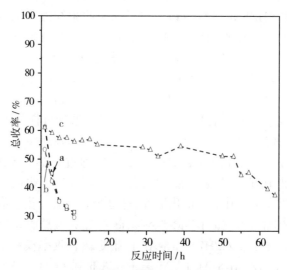

图 3.11　不同催化剂随反应时间变化的结果
（a）Zn/HZSM-5；（b）Zn/HZSM-5-At；（c）Zn/HZSM-5-At-acid

除此之外,孔结构影响主要产物的分布。图 3.12 表示在不同催化剂上吡啶和 3- 甲基吡啶的比例随反应时间的变化情况。在 Zn/HZSM-5-At 和 Zn/HZSM-5-At-acid 上吡啶和 3- 甲基吡啶的最初比率接近为 1。这些结果与丙烯醛和氨反应所得到的吡啶与 3- 甲基吡啶比较接近,这主要表明丙烯醛参与反应。它来自丙烯醛二乙缩醛的分解。作为对照,这一数值明显高于对应的 Zn/HZSM-5,表明载体经碱处理或碱 - 酸连续处理之后,催化剂的确影响吡啶和 3- 甲基吡啶的分布。从图中还可以看出,随着反应时间的延长,在 Zn/HZSM-5-At 和 Zn/HZSM-5-At-acid 上对 3- 甲基吡啶的选择性变得更高,而 Zn/HZSM-5 上这一数值仅稍微有所变化。这说明随着反应时间的延长,碱处理或碱 - 酸连续处理的催化剂更适合产生 3- 甲基吡啶。在均一微孔分子筛中吡啶和 3- 甲基吡啶的比例变化不大。这一现象证实吡啶和 3- 甲基吡啶的比例在一定程度上取决于催化剂的孔结构。Shimizu 等 [2] 认为丙烯醛和氨反应中吡啶是 3- 甲基吡啶发生脱甲基得到。

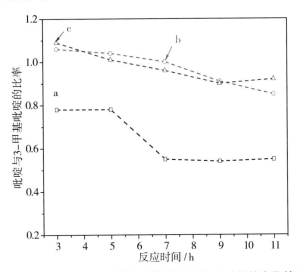

图 3.12　吡啶与 3- 甲基吡啶的比率随反应时间的变化情况
（a）Zn/HZSM-5;（b）Zn/HZSM-5-At;（c）Zn/HZSM-5-At-acid

除此之外,孔结构也影响其他副产物的分布。考虑到有大量的副产物且大多收率非常低,仅考虑 2- 甲基吡啶和 4- 甲基吡啶,具体结果见图 3.13。在相同吡啶和 3- 甲基吡啶总收率前提下,Zn/HZSM-5-At-acid 上 2- 甲基吡啶和 4- 甲基吡啶高于对应的 Zn/HZSM-5。同时,2- 甲基吡啶和 4- 甲基吡啶的收率几乎相同。试图从择形性观点解释这一问题,如果 3- 甲基吡啶发生异构化的话,2- 甲基吡啶或 4- 甲基吡啶比吡啶应该更多。与

3- 甲基吡啶相似，Balasamy 等[132] 报道间二甲苯进行分解反应时，主要产物为对二甲苯。根据这特点，在本反应中主要产物应该是 2- 甲基吡啶或 4- 甲基吡啶。事实上，本研究中主要液相产物为吡啶和 3- 甲基吡啶。由于 3- 甲基吡啶的环中含氮元素，使得 3- 甲基吡啶很难发生异构化反应。这证明 3- 甲基吡啶脱甲基成吡啶。丙烯醛二乙缩醛分解成丙烯醛和乙醇。与乙醇相比，丙烯醛更活泼，优先在催化剂表面上进行活化，最终获得更多吡啶和 3- 甲基吡啶，而不是 2- 甲基吡啶和 4- 甲基吡啶。为了证明这一事实，选用新鲜的 HZSM-5 为催化剂，以丙烯醛和氨为原料，保持与丙烯醛二乙缩醛和氨的反应条件。分析液相产物的成分，发现没有 2- 甲基吡啶和 4- 甲基吡啶。除了保护丙烯醛的醛基，乙醇的作用不仅稀释反应体系避免丙烯醛快速聚合，有利于延缓催化剂的失活速率，而且为生成吡啶碱提供碳源。我们可以得出结论 2- 甲基吡啶和 4- 甲基吡啶来自于乙醇和氨反应的结果，尽管在无氧条件下它的活性非常低。为了证明这一点，把丙烯醛二乙缩醛改成乙醇，在相同的反应条件下，以 Zn/HZSM-5-At-acid 为催化剂，进行乙醇和氨反应。研究结果表明，吡啶收率约为 6%，几乎没有 3- 甲基吡啶（收率 < 1%），2- 甲基吡啶和 4- 甲基吡啶总收率为 11%。丁二烯醛是乙醇合成 2- 甲基吡啶和 4- 甲基吡啶的一种中间反应产物。与 Zn/HZSM-5 相比，Zn/HZSM-5-At-acid 能提高更多的孔体系和开阔的活性位点以产生更多的丁二烯醛，从而获得更多的 2- 甲基吡啶和 4- 甲基吡啶。

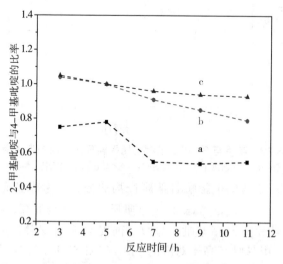

图 3.13　2– 甲基吡啶与 4– 甲基吡啶的比率随反应时间的变化情况

（a）Zn/HZSM-5；（b）Zn/HZSM-5-At；（c）Zn/HZSM-5-At-acid

在合成吡啶碱反应中,积碳常常导致催化剂的失活。在反应之后,500 ℃下,通入一定量的空气和水分进行再生处理。图 3.14 为在相同再生条件下吡啶和 3- 甲基吡啶总收率与再生次数的关系。从图中可以看出,再生 1 ~ 2 次之后,吡啶和 3- 甲基吡啶总收率变化规律大致一样,表明再生之后催化剂的性能得到了完全地恢复。催化剂失活常见的方式有 2 种:(1)可恢复性再生,例如积碳。它在高温和空气气氛下基本上可消除掉,从而使催化剂的性能得到恢复;(2)不可恢复性再生,例如催化剂的结构发生了重大的变化。结合反应结果,可以证实积碳是 Zn/HZSM-5-At-acid 失活的主要原因。

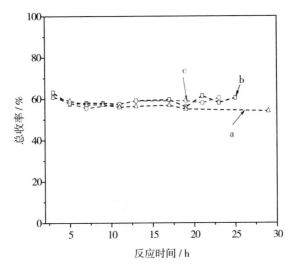

图 3.14　相同再生条件下吡啶和 3– 甲基吡啶总收率随反应时间的变化

（a）第 1 次反应；（b）第 2 次反应；（c）第 3 次反应

再生条件常常包括空气、水、温度等因素。因此,温度、空气和水对再生催化剂的结构有着重要的影响。Niwa 等[134] 报道了氨处理对 HZSM-5 的结构几乎没有影响。在这里,主要对空气流速和水流量进行详细地考察,具体结果见图 3.15 和图 3.16。从图 3.15 中可以看出,在 500 ℃和通入 2 mL·h^{-1} 水下,将空气的流速提高 2 倍,吡啶碱总收率由原来的 61.0% 增加至 68.4%,表明增加氧的浓度会增加催化性能。Kim 等[135] 报道了在 500 ℃下对 Zn/HZSM-5 进行预结焦处理,可以延长催化剂的寿命。氧化的再生加速 HZSM-5 发生脱铝,进而改变酸性。基于这个条件,增加水的含量,吡啶和 3- 甲基吡啶总收率继续增加至 69.8%(见图 3.16),说明增加水的含量有利于提高吡啶碱总收率。更重要的是,水处理会使催化剂发生脱铝。Li 等[82] 报道了碱 - 水汽连续处理 ZSM-5 比单一处理

HZSM-5 具有更好的催化性能,归于孔径大小和酸性的改变。作者们也认为在介孔的前提下,骨架内铝物种更易脱落。很显然,催化剂的孔结构和酸性在再生阶段比反应阶段更易变化,特别是催化剂含大量的铝物种和介孔的情况。换句话说,这种变化可能仅在 Zn/HZSM-5-At-acid 里较好地发生。另外,再生温度是否对催化剂的结构产生影响,这种答案,通过酸量的变化来证明,具体结果见图 3.17 和表 3.10。

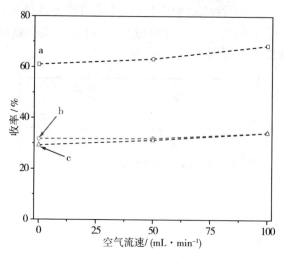

图 3.15　空气流速的影响

（a）吡啶 +3- 甲基吡啶；（b）吡啶；（c）3- 甲基吡啶

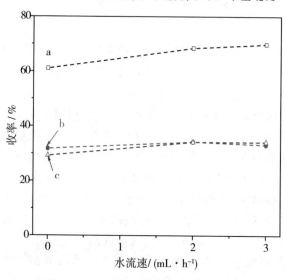

图 3.16　水流量的影响

（a）吡啶 +3- 甲基吡啶；（b）吡啶；（c）3- 甲基吡啶

研究反应条件和再生条件下对新鲜的 Zn/HZSM-5-At-acid 进行不同时间的处理。从图3.17和表3.10中可知,在反应条件下,连续处理900 h,催化剂的酸量为 0.46 mmol·g⁻¹;继续处理至 1 300 h,催化剂的酸量稍微降低至 0.43 mmol·g⁻¹。这种酸量的变化主要归于脱铝的缘故。上述结果说明,脱铝在最初阶段下降比较明显后趋于平缓。这是由于新鲜的 Zn/HZSM-5-At-acid 里铝含量较高。这时,脱铝程度会较大,从而导致酸性大幅度地降低。当骨架铝物种较少时,为了维持结构不发生严重的破坏,脱铝的速率会降低。这时,它的酸性下降程度更少。在再生条件下,仅处理130 h,催化剂的酸量下降至 0.59 mmol·g⁻¹。这表明,催化剂的结构受再生温度的影响较大。为此,在 600 ℃下对催化剂仅处理 64 h。结果表明,催化剂的酸量为 0.69 mmol·g⁻¹。这进一步证明了温度的效应在再生阶段比反应阶段影响更大。因此,降低再生温度可以减缓催化剂的结构变化速率。从这种现象可知,反应阶段和再生阶段对催化剂的结构影响是一种不可控的方式。在本研究中,这种变化反而有利于吡啶碱总收率的增加。

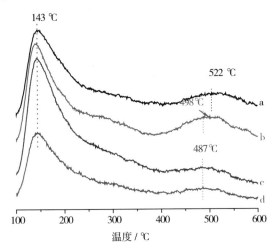

图 3.17　不同催化剂的 NH₃-TPD 曲线图

反应条件:(a)900 h;(b)1300 h

再生条件:(c)500 ℃和130 h;(d)600 ℃和64 h

表 3.10　不同催化剂的 NH₃-TPD 的结果

催化剂	$T_{m,i}/(℃)^a$ 和 $A_i/(mmol·g^{-1})^b$				
	$T_{m,1}$	A_1	$T_{m,2}$	A_2	A_{total}
Zn/HZSM-5-At-acid[c]	143	0.34	522	0.12	0.46

催化剂	$T_{m,i}$ /（℃）[a] 和 A_i/（mmol·g^{-1}）[b]				
	$T_{m,1}$	A_1	$T_{m,2}$	A_2	A_{total}
Zn/HZSM-5-At-acid[d]	143	0.28	498	0.15	0.43
Zn/HZSM-5-At-acid[e]	144	0.51	488	0.08	0.59
Zn/HZSM-5-At-acid[f]	144	0.58	486	0.11	0.69

注：[a] $T_{m,i}$ 对应 i 的脱附温度，[b] A_i 对应 i 的峰面积，用来定量酸性，A_{total} 对应峰面积之和，$A_{total} = \Sigma A_i$。反应条件：[c] 900 h，[d] 1 300 h。再生条件：[e] 500 ℃和 130 h，[f] 600 ℃和 64 h。

图 3.18 为不同再生次数对吡啶和 3- 甲基吡啶总收率的影响。从图中可以看出，新鲜 Zn/HZSM-5-At-acid 在 TOS = 1 ~ 3 h 时，吡啶碱总收率为 61%。随着再生次数的增加，吡啶碱总收率不断地增加。在第 10 个反应 - 再生循环时，吡啶碱总收率达到最高，其值约为 83%。继续增加再生次数，吡啶和 3- 甲基吡啶总收率趋于平稳。正如前面所述，增加的吡啶和 3- 甲基吡啶收率主要归于在反应阶段和再生阶段下催化剂酸性的变化所致。可见，选择合适的再生方法是十分有用的。除此之外，本研究开发的再生方法具有许多优点，如成本低。因此，Zn/HZSM-5-At-acid 通过再生处理能够明显地提高吡啶碱总收率，是一种非常有用的提高催化性能的方法。事实上，仅对商业化 ZSM-5 进行简单的处理，如碱、酸等，从而改变催化剂的孔结构和酸性，进而提高其催化性能。因此，这是一种通用的增强催化性能的方法。

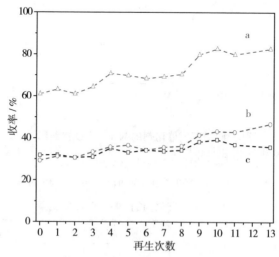

图 3.18　不同再生次数与吡啶和 3– 甲基吡啶总收率的关系
（a）吡啶 +3- 甲基吡啶；（b）3- 甲基吡啶；（c）吡啶

目前,有少量的文献报道了再生之后,催化剂的性能得到增强。例如,在甲醇合成汽油反应中,HZSM-5 再生之后,催化剂的寿命得到了延长。他们认为这种增加归于降低了催化剂的酸性,进而减少积碳的形成[136]。Zhang 等 [137] 报道了采用煅烧法或醇抽取法再生失活的催化剂。与新鲜的 ZSM-5 相比,再生的 ZSM-5 表现出更好的活性和更高的选择性。尽管如此,他们没有解释产物收率增加的原因。Shimizu 等 [2] 坚持认为在合成吡啶碱中,多次反应 - 再生循环后,ZSM-5 的催化性能很难完全地恢复,这归于在再生之后不断地增加的残存的积碳所致。即使相类似的报道[2],少量的积碳残存在 ZSM-5 中。但是,作者没有指出残存的积碳在这些反应中发挥的积极作用。在我们的反应体系中,反应机理在一定程度上发生改变。换句话说,与新鲜的催化剂相比,再生的催化剂上形成更多的丙烯亚胺和更少的二聚丙烯醛作为中间产物。这种原因归于 Zn/HZSM-5-At-acid 发生脱铝的缘故,进而影响催化剂的酸性,尤其是强酸性位。这些强酸性位加速积碳的形成,虽然它们通过活性丙烯醛以产生碳正离子来充当催化活性位。另外,在反应阶段和再生阶段下,催化剂的孔径大小不断地变大,有利于加速传质速率。除这些之外,我们增加一条新的解释,即残存的积碳起着的积极作用不能排除。虽然它通过阻塞或填充孔以及覆盖酸性位来减少催化剂的比表面积和酸量。再生之后,残存的积碳出现在催化剂里,形成一层疏水表面。这种特殊的表面对脱水过程有益,从而增强其催化性能。此外,积碳优先地在 HZSM-5 的强酸性位上沉积,从而抑制更多的副反应。因此,它能增加吡啶碱总收率。

从图 3.19 中可以看出,在失活的催化剂(b)里,在 2 000 ~ 800 cm^{-1} 波数内,出现了多种官能团如 C-C 键。这些官能团源于高沸点的可溶性物质和石墨等。它们主要通过齐聚反应产生。根据反应的评价结果,这些物质有利于催化性能的提高。因此,残存的积碳对提高吡啶碱总收率扮演着重要的角色。

为了研究经反应 - 再生循环之后催化剂的结构变化,再生之后进行多种表征的研究,目的探索其催化性能提高的原因。图 3.20 为新鲜 Zn/HZSM-5-At-acid 和再生 Zn/HZSM-5-At-acid 的 XRD 结果。从图中可以看出,两种催化剂显示出相同的 XRD 衍射特征峰,表明催化剂在运行多次反应 - 再生循环之后,Zn/HZSM-5-At-acid 的结构没有发生明显地改变,意味着 Zn/HZSM-5-At-acid 的结构非常稳定。除此之外,与新鲜 Zn/HZSM-5-At-acid 相比,再生 Zn/HZSM-5-At-acid 的衍射峰位置明显地移向高角度的方向,归于 Zn/HZSM-5-At-acid 发生脱铝的缘故。

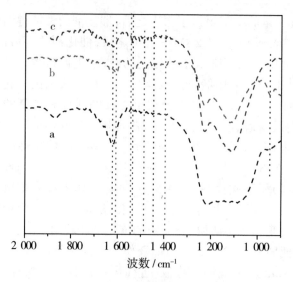

图 3.19　不同催化剂的 FT–IR 结果

（a）新鲜催化剂；（b）失活后催化剂；（c）再生催化剂

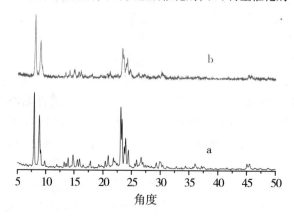

图 3.20　不同催化剂的 XRD 的结果

（a）新鲜催化剂；（b）再生催化剂

　　表 3.11 列举了新鲜 Zn/HZSM-5-At-acid 和再生 Zn/HZSM-5-At-acid 的孔结构的结果。从表中可以看出，长时间运行后，与新鲜的催化剂相比，再生的催化剂的比表面积和孔容均下降。总体上讲，它们下降的幅度不大，说明催化剂仍然非常稳定。图 3.21 显示新鲜 Zn/HZSM-5-At-acid 和再生 Zn/HZSM-5-At-acid 的孔径分布的情况。从图中可以看出，再生 ZnO/HZSM-5-At-acid 的孔径主要集中在约 2.1 nm 处，表明长时间运行后，催化剂的孔径大小有不断增大的趋势。

表 3.11　Zn/HZSM–5–At–acid 的孔结构的结果

样品	$S_{BET}/$ $(m^2 \cdot g^{-1})$	$S_{micr}/$ $(m^2 \cdot g^{-1})$	$S_{ext}/$ $(m^2 \cdot g^{-1})$	$V_{total}/$ $(cm^3 \cdot g^{-1})$	$V_{micr}/$ $(cm^3 \cdot g^{-1})$	$V_{meso}/$ $(cm^3 \cdot g^{-1})$
新鲜的催化剂	372.1	284.6	87.5	0.325 6	0.127 3	0.198 3
再生的催化剂	337.2	278.6	59.1	0.285 8	0.124 4	0.161 4

注：S_{BET}、S_{micr} 和 S_{ext} 分别指比表面积、微孔面积和外表面积，$S_{BET} = S_{micr} + S_{ext}$；$V_{total}$、$V_{micr}$ 和 V_{meso} 分别指总孔容、微孔孔容和介孔孔容，$V_{total} = V_{micr} + V_{meso}$。

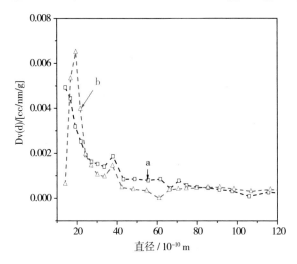

图 3.21　BJH 法计算的催化剂的孔径分布

（a）新鲜催化剂；（b）再生催化剂

　　表 3.12 列举了比较本研究的结果和文献已报道的结果的情况。从表中可以看出，在各种各样的合成路线中，本研究中吡啶和 3- 甲基吡啶总收率较高。考虑到稳定的运行和较高的产物收率，同时所使用到催化剂具有简单、快速合成和低成本的优点，因此，本研究开发的技术非常适合工业化的应用。

表 3.12　比较本研究结果和报道的文献

含碳原料	催化剂	收率 /%		
		吡啶	3- 甲基吡啶	吡啶 +3- 甲基吡啶
甲醛和乙醛	Ga–HZSM–5–At[7]	46	16	62
丙烯醛	MgF$_2$/Al$_2$O$_3$[14]	24.6	46.4	71.0
丙烯醛和乙醛 a	SiO$_2$–Al$_2$O$_3$[17]	40	42	82
乙醇	HZSM–5[25]	16.2	N.V	16.2

续表

含碳原料	催化剂	收率 /%		
		吡啶	3－甲基吡啶	吡啶 +3－甲基吡啶
丙烯醛二乙缩醛	Zn/HZSM-5-At-acid [b]	31.8	29.2	61.0
	Zn/HZSM-5-At-acid [c]	39.3	43.3	82.6
	Zn/HZSM-5-At-acid [d]	35.8	46.8	82.6

注: [a] 基于丙烯醛的量计算; [b] 新鲜催化剂; [c] 第 10 次再生之后; [d] 第 13 次再生之后; N.V: 未检测出。

3.3.3 其他碱处理分子筛用于合成吡啶碱的研究

3.3.3.1 丙烯醛二乙缩醛和氨合成吡啶碱的研究

（1）KF/HZSM-5-At 催化剂

在上述的一系列微孔分子筛中,其关注点要么酸调节要么改变孔结构。碱处理分子筛能同时满足这两方面的要求。由于 HZSM-5（25）是一种高铝分子筛,其酸性位较多,因此,采用碱性助剂调节其酸性。从表 3.13 中可以看出,采用浸渍法合成 KF/HZSM-5-At。当 KF 负载量 0% 增加至 1% 时,吡啶碱总收率由 35% 提高至 48.59%;继续增加 KF 负载量达到 10%,吡啶碱总收率却下降。

表 3.13　不同金属氟化物的含量的影响

催化剂	时间 / h	收率 /%		
		吡啶	3－甲基吡啶	吡啶 +3－甲基吡啶
0.5%KF [a]	1 ~ 3	20.01	24.70	44.71
	3 ~ 5	19.90	25.95	45.85
1.0%KF [a]	1 ~ 3	20.77	27.82	48.59
	3 ~ 5	19.26	25.72	44.98
1.0%KF [b]	1 ~ 3	16.71	22.94	39.65
	3 ~ 5	12.33	16.61	28.94
5.0%KF [a]	1 ~ 3	8.84	26.79	35.63
	3 ~ 5	8.38	24.58	32.96
10.0%KF [a]	1 ~ 3	0.19	0.14	0.33
	3 ~ 5	0	0	0
10.0%MgF_2	1 ~ 3	9.38	13.81	23.19
	3 ~ 5	9.62	14.25	23.87

注：反应条件：反应温度为 450 ℃，液相空速为 0.85 h^{-1}，催化剂用量为 1.5 g，丙烯醛二乙缩醛、水和氨摩尔比为 1∶1∶4。^{a}700 ℃焙烧；^{b}500 ℃焙烧。

从图 3.22 中 XRD 表征可知，即使负载较多的（5.0 wt%）KF，催化剂的强度仍然保持着原来的结构，且衍射峰的变化程度不大。这与相同含量的 KF 负载 HY 的结果完全不同，表明碱处理 HZSM-5 具有更强的抗碱性的能力。图中所有的样品中没有检测出 KF 的衍射峰，表明该物种高度分散于 HZSM-5-At 表面上。当 KF 负载量达到 10% 时，吡啶碱总收率不及 1%，表明这时催化剂的结构已遭受到严重地破坏，归于氟离子与分子筛中硅离子结合生成氟化硅（SiF$_4$）并以气态形式而挥发掉，而负载相同含量 MgF$_2$ 的催化剂，其结构没有发生较大的变化。在 500 ℃焙烧 KF/HZSM-5-At，在相同条件下，不如在 700 ℃焙烧获得的催化剂。进一步延长反应时间时，吡啶碱总收率的下降速率皆比较慢，表明引入多级孔结构对催化剂的稳定性有一定的帮助。

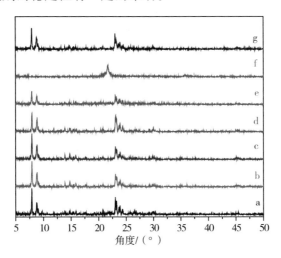

图 3.22　不同催化剂的 XRD 的结果

（a）HZSM-5；（b）0.5%KF/HZSM-5；（c）1.0%KF/HZSM-5；（d）1.0%KF/HZSM-5（500 ℃）；（e）5.0%KF/HZSM-5；（f）10.0%KF/HZSM-5；（g）10.0%MgF$_2$/HZSM-5

（2）金属负载 HZSM-5-At 催化剂

从表 3.14 中可知，负载少量（1.0 wt%）ZrO$_2$ 有利于提高吡啶碱总收率；继续增加 ZrO$_2$ 时，其上吡啶碱总收率反而下降。在负载较多量（10.0 wt%）的 Nb$_2$O$_5$ 和 WO$_3$ 时，前者有利于吡啶碱总收率的提高而后者刚好相反，这可能是由于 Nb$_2$O$_5$ 含 Brønsted 位，而后者含 Lewis 位。本研究中 Brønsted 位比 Lewis 位更适合催化反应。以 Al$_2$O$_3$ 中间掺杂剂时，其催化活性大小顺序为：Fe < Pb；以 ZrO_2 中间掺杂剂时，其催化活性大小顺序为：Cu < La < Pb < Fe；以 TiO_2 中间掺杂剂时，其催化活性大小顺序为：Cu < Pb < La < Fe。总体上讲，以 TiO_2 和 ZrO_2 为掺杂剂的活性普遍高于相应的 Al_2O_3，可能归于前两者更好地传递电子。在 TiO_2 和 ZrO_2 基础上负载 Fe 比其他金属均高，这与在对应的微孔分子筛体系的变化规律保持一致。不同之处，与 HZSM-5-At 相比，含 Fe 催化剂上吡啶碱总收率却得到提高。

表 3.14 不同氧化物的影响

催化剂	时间 / h	收率 /%		
		吡啶	3– 甲基吡啶	吡啶 +3– 甲基吡啶
10%Nb₂O₅	1 ~ 3	16.48	22.15	38.63
	3 ~ 5	17.90	15.45	33.35
10%WO₃	1 ~ 3	11.41	14.81	26.22
	3 ~ 5	15.46	19.84	35.30
1%ZrO₂	1 ~ 5	19.66	18.58	38.24
5%ZrO₂	1 ~ 3	9.15	13.15	22.30
	3 ~ 5	8.27	11.02	19.29
10%（1%Fe–Al₂O₃）	1 ~ 3	6.76	9.01	15.77
	3 ~ 5	5.43	7.61	13.04
10%（1%Pb–Al₂O₃）	1 ~ 3	9.05	10.50	19.55
	3 ~ 5	8.56	10.17	18.73
10%（1%Fe–ZrO₂）	1 ~ 3	13.93	21.98	35.91
	3 ~ 5	13.79	21.14	34.93
10%（1%Cu–ZrO₂）	1 ~ 5	11.17	14.49	25.66
10%（1%La–ZrO₂）	1 ~ 5	11.22	14.49	25.71
10%（1%Pb–ZrO₂）	1 ~ 5	16.14	18.96	35.10
10%（1%Fe–TiO₂）	1 ~ 5	16.65	21.13	37.78
10%（1%Cu–TiO₂）	1 ~ 5	5.71	8.31	14.02
10%（1%La–TiO₂）	1 ~ 5	13.38	17.58	30.96
10%（1%Pb–TiO₂）	1 ~ 5	11.86	15.71	27.57

注：反应条件：反应温度为 450 ℃，液相空速为 0.85 h^{-1}，催化剂用量为 1.5 g，丙烯醛二乙缩醛、水和氨摩尔比为 1：1：4。

3.3.3.2　丙烯醛二甲缩醛和氨合成吡啶碱的研究

（1）后处理法的影响

后处理法是合成微 - 介孔分子筛的简单、快速和成本低的方法,如涉及酸性、水汽和碱性等处理,使得分子筛中发生脱硅和 / 或脱铝,从而产生多级孔结构,但这些方式是一种非可控的。从图 3.23 可以看出,未处理之前,吡啶碱总收率达到 49.56%。采用水汽和 HF 处理之后,吡啶碱总收率为 48.73% 和 47.89%,表明这两种处理方式对催化剂的活性起不到促进作用,这归于它们主要进行发生脱铝,导致其酸性下降。采用碱处理 HZSM-5 时,吡啶碱总收率增加至 51.15%。在碱处理过程中,催化剂发生脱硅,同时伴随着脱铝,这些物种堵塞催化剂内的部分孔道,引起催化剂的比表面积下降。同时,由于铝物种的脱落,导致催化剂的酸性下降。为了尽量减少这些物种造成的不良影响,用稀盐酸冲洗这些碱处理的样品。结果表明,吡啶碱总收率增加至 53.63%。为了更细致地研究该催化剂,我们对其合成条件进行考察。

（2）Si/Al 比的影响

在碱处理过程中, Si/Al 比是影响催化剂的结构一个重要的因素。许多研究已表明[66],碱处理 HZSM-5 中形成微 - 介孔结构的最优的 Si/Al 比为 25 ~ 50。当 Si/Al 比小于 25 时,几乎不产生介孔;当 Si/Al 比高于 50 时,产生较大的孔。在这里考察了催化剂中 Si/Al 比对吡啶碱各收率的影响。从图 3.24 中可以看出,当 Si/Al 比为 25 时,吡啶碱总收率达到 53.63%,其中,吡啶收率为 20.88%,3- 甲基吡啶收率为 28.47%,2- 甲基吡啶和 2,6- 二甲基吡啶总收率为 4.28%;当 Si/Al 比增加至 100 时,吡啶碱总收率下降至 33.84%,不及 Si/Al 比为 25 的 2/3 的水平,其中吡啶收率为 16.12%,3- 甲基吡啶收率为 17.45%,2- 甲基吡啶和 2,6- 二甲基吡啶总收率为 0.27%,这归于 Si/Al 比影响分子筛的酸性大小有关。

（3）碱处理浓度的影响

在分子筛中,碱处理浓度是影响形成微 - 介孔结构的一个重要因素[68]。从图 3.25 中可以看出,碱处理浓度由 0.10 mol/L 增加至 0.20 mol/L 时,吡啶碱总收率由 48.04% 提高至 53.63%;继续增加碱处理浓度,吡啶碱总收率开始下降,其中吡啶碱各组分的收率亦出现相类似的变化规律。

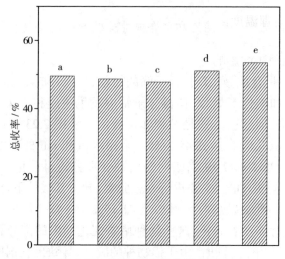

图 3.23　后处理法合成 HZSM–5

（a）HZSM-5;（b）HZSM-5- 水蒸气;（c）HZSM-5-HF;
（d）HZSM-5-NaOH;（e）HZSM-5-NaOH-HCl

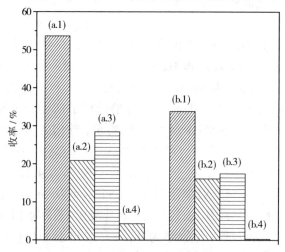

图 3.24　HZSM–5–At–acid 中 Si/Al 比对吡啶碱各收率的影响

Si/Al 比 25:（a.1）吡啶 +2- 甲基吡啶 +3- 甲基吡啶 +2,6- 二甲基吡啶,（a.2）吡啶,（a.3）
3- 甲基吡啶,（a.4）2- 甲基吡啶 +2,6- 二甲基吡啶

Si/Al 比 100:（b.1）吡啶 +2- 甲基吡啶 +3- 甲基吡啶 +2,6- 二甲基吡啶,（b.2）吡啶,
（b.3）3- 甲基吡啶,（b.4）2- 甲基吡啶 +2,6- 二甲基吡啶

（4）碱处理温度的影响

　　碱处理温度是影响微 - 介孔结构的一个重要因素[68]。为了更直观反映出碱处理温度的影响,仅对 HZSM-5-At 进行考察。从图 3.26 中可以

看出,随着碱处理温度由 60 ℃增加至 80 ℃时,吡啶碱总收率由 41.28%
提高至 51.15%;继续增加碱处理温度,吡啶碱总收率开始下降,其中吡
啶碱各组分的收率亦出现相类似的变化规律。据报道[68],在较低温度时,
分子筛形成有限的介孔结构;在较高温度时,分子筛的比表面积下降。

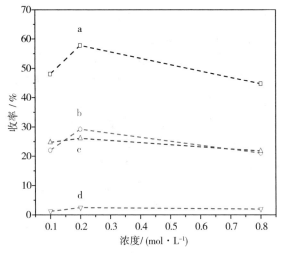

图 3.25　Zn/HZSM-5-At-acid 中碱处理浓度对吡啶碱各收率的影响

（a）吡啶 +2- 甲基吡啶 +3- 甲基吡啶 +2,6- 二甲基吡啶;（b）吡啶;

（c）3- 甲基吡啶;（d）2- 甲基吡啶 +2,6- 二甲基吡啶

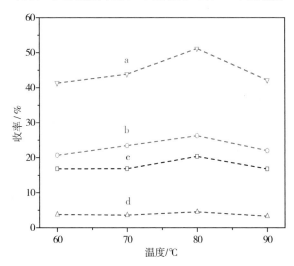

图 3.26　HZSM-5-At 中碱处理温度对吡啶碱各收率的影响

（a）吡啶 +2- 甲基吡啶 +3- 甲基吡啶 +2,6- 二甲基吡啶 ;（b）吡啶 ;（c）3- 甲基吡啶 ;

（d）2- 甲基吡啶和 2,6- 二甲基吡啶之和

3.4 小 结

（1）在丙烯醛二乙缩醛和氨合成吡啶和 3- 甲基吡啶的反应中，与 Zn/HY 和 Zn/Al$_2$O$_3$ 相比，Zn/HZSM-5 表现出更好的催化性能。当 Si/Al=25，反应温度为 450 ℃，液相孔速为 0.85 h^{-1}，甘油、氨和水摩尔比为 1∶4∶10，采用浸渍法负载，Zn 负载量为 1 wt%，硝酸锌为 Zn 前驱物，反应时间为 3 h 时，吡啶和 3- 甲基吡啶总收率达到最高。

（2）针对 Zn/HZSM-5 催化剂快速失活的问题，将载体 HZSM-5 进行碱 - 酸连续处理。然后，采用浸渍法负载 Zn 用于气相丙烯醛二乙缩醛和氨反应合成 3- 甲基吡啶。与 Zn/HZSM-5 相比，在相近的吡啶和 3- 甲基吡啶总收率下，Zn/HZSM-5-At-acid 的寿命大大地延长，证实了积碳是催化剂失活的主要原因，改进了现有的再生方法，考察了再生条件对催化剂的影响。与初始的吡啶和 3- 甲基吡啶总收率相比，在多次反应 - 再生循环之后，吡啶和 3- 甲基吡啶总收率得到明显增加。因此，Zn/HZSM-5-At-acid 连同再生处理是一种有效地提高吡啶和 3- 甲基吡啶总收率的方法。催化剂经过长时间的运行，主要发生脱铝。残存的积碳在该反应中起着促进作用。

（3）在丙烯醛二乙缩醛和氨合成吡啶和 3- 甲基吡啶的反应中，考察了一系列金属氟化物或金属氧化物对 HZSM-5-At 的影响。在它们之中，当负载 KF，负载量为 1 wt% 时，吡啶和 3- 甲基吡啶总收率高于其他的催化剂。因此，它是一种良好的助剂。

（4）在气相丙烯醛二甲缩醛和氨合成吡啶碱的反应中，针对得到的吡啶碱总收率不高的问题，比较了多种后处理法对催化剂的性能影响，以碱处理或碱 - 酸连续处理法相对较好。当 Si/Al = 25，碱处理浓度为 0.2 mol/L，碱处理温度为 80 ℃时，吡啶碱总收率达到最高。

第 4 章　气相甘油和氨合成吡啶碱

4.1　引　言

　　生物质资源代替石油资源已成为当今的发展趋势,它能解决日益严峻的资源短缺的难题。文献[25]已报道采用乙醇和氨合成吡啶碱,但产物中没有 3- 甲基吡啶。因此,开发一种新的生物质原料合成 3- 甲基吡啶具有重要的意义。近年来,在合成生物柴油过程中出现了大量的副产物——甘油。例如,每 10 kg 生物柴油可生产 1 kg 生物甘油。很显然,把甘油有效地转换成高附加值产物具有重大的经济价值。近年来,很多有价值的产物,如丙烯醛、丙烯腈和喹啉等,采用甘油为反应原料相继地被开发出来。考虑丙烯醛可以被用来合成 3- 甲基吡啶,而丙烯醛又是甘油脱水的主要产物,因而可以利用甘油和氨合成 3- 甲基吡啶。

　　本章介绍在固定床中用甘油和氨合成吡啶碱的实验。首先,对催化剂进行了大量的筛选,获得性能较佳的催化剂,接着按一步法和分段法两种反应工艺,进行反应条件的优化。在最优化条件下,对催化剂进行多次反应 - 再生循环,得到一种新的再生方法,在此基础上,添加第三组分以提高 3- 甲基吡啶收率。

4.2　实验部分

　　催化剂的评价在常压气流连续的固定床中进行。在一个典型的实验中,将 20 ~ 40 目 1.5 g 催化剂装入不锈钢反应器(长为 19 cm,直径为 10 mm)中部,催化剂上部和下部均装填 1.0 g 石英砂以及石英棉。氮气带动反应原料甘油水溶液以及氨气分别加热至某一特定温度(250 ℃,

加热速率为 10 ℃·min⁻¹）进行预热。在一步法中,预热过气流全部直接进入反应固定床中（加热速率为 10 ℃·min⁻¹）；在分段法中,预热过甘油气流先进入第一个反应固定床中,经催化剂作用后,流入到第二个反应固定床中,并与预热过氨进行接触并反应。反应之前催化剂在 500 ℃和空气下预处理 1 h,然后冷却至所需的反应温度。在连接反应管和收集管之间再通入一定量的醇类,以防止未反应完全的微量丙烯醛与氨聚合阻塞管道。反应稳定 1 h 之后,每隔 2 h 收集产物,使用具有氢火焰检测器的气相色谱仪进行离线检测。采用内标法测定,以正丁醇为内标物,计算目标产物的收率（见等式 4.1 和 4.2）。除非特别说明,吡啶碱指吡啶、2－甲基吡啶、3－甲基吡啶和 4－甲基吡啶。

甘油转化率（mol%）＝（参与反应甘油量／投入甘油的总量）× 100%（4.1）

目标产物的收率（mol%）＝（产物中含碳总数／投入甘油的含碳总数）× 100%

（4.2）

4.3 结果与讨论

4.3.1 表征

（1）XRD

图 4.1 表示不同催化剂的 XRD 结果。对于一系列 ZSM-5 催化剂（HZSM-5、HZSM-5-At、HZSM-5-At-acid 和 ZnO/HZSM-5-At-acid）而言,它们皆显示出 ZSM-5 的特征,且没有其他晶相衍射峰（图 4.1 a ~ d）,说明经过多种处理之后仍然保持着 ZSM-5 结构。对于 ZnO/HZSM-5-At-acid 而言, 没有出现 ZnO 晶相（$2\theta = 31.1°、34.1°、36.1°$ 和 $56.2°$）,表明 ZnO 具有非常小的维度以至于 XRD 表征无法检测出来。显然,它们高度分散在载体 HZSM-5 上。对于一系列 ZSM-22 催化剂（HZSM-22 和 HZSM-22-At-acid）而言,它们均显示出 ZSM-22 衍射峰特征（图 4.1 e 和 f）,说明经碱 - 酸连续处理之后, HZSM-22 最初的结构仍然保持。在碱和／或碱 - 酸连续处理期间,分子筛的骨架 T 原子（Si 和／或 Al）发生部分脱落。因为 Si 原子半径小于 Al 原子半径,从理论上讲,脱硅和脱铝将引起分子筛的骨架结构的膨胀和收缩。从图 4.1 a ~ c 中可以看出,与 HZSM-5 相比, HZSM-5-At 和 HZSM-5-At-acid 衍射峰偏向更高角度,说明 HZSM-5-At 和 HZSM-5-At-acid 中 ZSM-5 骨架结构发生了收缩。与

HZSM-5 相比,相似的现象出现在 ZnO/HZSM-5-At-acid 里(见图 4.1 a 和 d)。这些结果表明在碱处理 HZSM-5 过程中,可能发生脱硅和脱铝,且脱铝程度超过脱硅程度。酸洗碱处理分子筛导致其进一步发生脱铝。从图 4.1 e 和 f 可以看出,与 HZSM-22 相比,HZSM-22 衍射峰趋向更低角度,表明 ZSM-22 的骨架结构发生膨胀。这些结果表明在碱 - 酸连续处理 HZSM-22 期间,发生脱硅和脱铝,且脱硅程度高于脱铝。文献报道了碱处理分子筛发生脱硅受骨架铝含量控制[66,68]。例如,高铝含量抑制和低铝含量促进发生脱硅。因此,发生脱硅的最佳 Si/Al 比为 25 ~ 50。在本实验中,HZSM-5 和 HZSM-22 的骨架中 Si/Al 比分别为 25 和 69。因此,对于 HZSM-5 而言,铝含量较高会抑制脱硅,更多铝原子更易发生脱铝。对于 HZSM-22 而言,铝含量较少会加速脱硅,更少铝原子能发生脱铝。这解释了 HZSM-5 和 HZSM-22 发生不同的脱铝 / 脱硅行为。从图 4.1 也可以看出,对于 ZSM-5 系列催化剂而言,衍射峰强度大小顺序为: HZSM-5 > ZnO/HZSM-At-acid ~ HZSM-At-acid > HZSM-At。这最可能是碱处理抽取 T 原子时发生重新沉积,以无定形骨架外物种形式出现在 HZSM-5 表面和通道里,从而降低了 HZSM-5-At 结晶度。尽管如此,这些骨架外物种在酸洗时会进一步冲洗掉。因此,与 HZSM-5 相比,HZSM-5-At-acid 的结晶度发生部分恢复。对于 HZSM-22 催化剂而言,衍射峰强度大小顺序为: HZSM-22-At-acid>HZSM-22。在催化剂制备过程中,ZSM-22 骨架外出现一些物种,加之在碱处理过程中,也会发生脱铝。这可能是本研究所使用到 HZSM-22 具有相对低的结晶度的缘故。经酸溶液可以洗掉这些物种。因此,这些原因可以解释出 HZSM-22-At-acid 结晶度比 HZSM-22 结晶度高。

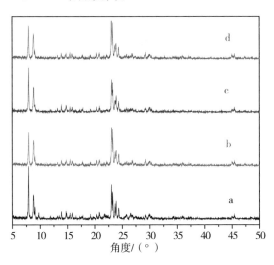

角度/(°)

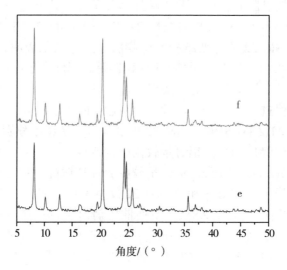

图 4.1　不同催化剂的 XRD 图

（a）HZSM-5；（b）HZSM-5-At；（c）HZSM-5-At-acid；

（d）ZnO/HZSM-5-At-acid；（e）HZSM-22；（f）HZSM-22-At-acid

（2）^{27}Al MAS NMR

为了证实是否出现脱铝，采用 ^{27}Al MAS NMR 表征来证明。图 4.2 表示 HZSM-5、HZSM-5-At 和 HZSM-5-At-acid 的 ^{27}Al MAS NMR 结果。从图中可以看出，所有的催化剂在约 50×10^{-6} 处出现一个峰。HZSM-5-At 和 HZSM-5-At-acid 在约 0×10^{-6} 处出现一个峰。在约 50×10^{-6} 和 0×10^{-6} 处出现的峰分别代表骨架内 Al 物种和骨架外 Al 物种。在约 50×10^{-6} 处，各催化剂的峰面积大小顺序为：HZSM-5 > HZSM-5-At > HZSM-5-At-acid。在约 0×10^{-6} 处，其大小顺序刚好相反，表明 HZSM-5 在碱处理过程中发生脱铝的程度比在碱 - 酸连续处理过程中发生脱铝的程度更小。但是，在碱处理过程中产生的骨架外 Al 物种可以通过酸冲洗。事实上，根据在约 0×10^{-6} 和 50×10^{-6} 处的峰面积比率进行计算，即 Al_e/Al_f，结果表明，HZSM-5-At-acid 的比率小于 HZSM-5-At 的比率，证明了前者的骨架外 Al 物种的含量比后者的骨架外 Al 物种的含量小。

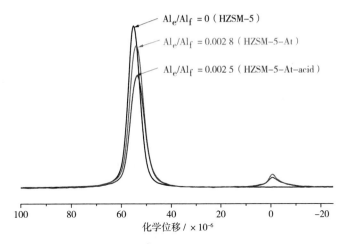

图 4.2　不同催化剂的 ^{27}Al MAS NMR 图

（3）FT-IR

图 4.3 表示不同催化剂的 FT-IR 结果。从图 4.3 a 中可以看出，在约为 1 220 cm^{-1}、1 100 cm^{-1}、797 cm^{-1}、550 cm^{-1} 和 460 cm^{-1} 处出现峰。在 1 220 cm^{-1}、1 100 cm^{-1} 和 797 cm^{-1} 处是四面体 SiO$_4$ 特征峰，分别归于 Si-O-T（T = Si 和 / 或 Al）的外部不对称、内部不对称和外部对称拉伸振动。随着 Si/Al 比增加，在约为 1 100 ~ 1 220 cm^{-1} 趋向更高的波数，这是由于铝原子量比硅原子量稍低。对于 HZSM-5 的 1 220 cm^{-1} 而言相比，HZSM-5-At、HZSM-5-At-acid 和 ZnO/HZSM-5-At-acid（图 4.3 b ~ d）分别移动至 1 222 cm^{-1}、1 225 cm^{-1} 和 1 223 cm^{-1}（图 4.3 b ~ d），表明与 HZSM-5 相比这些催化剂的骨架里 Si/Al 比皆增加。相似地，1 100 cm^{-1} 也趋向更高的波数（见图 4.3 a 和 b ~ d）。这些证明了 XRD 表征了碱处理和碱 - 酸连续处理导致 ZSM-5 发生脱铝。550 cm^{-1} 和 460 cm^{-1} 是 MFI 分子筛特征，它们分别归于外部连接的两个五元环晶格振动和八面体 TO$_4$ 里内部 T-O 弯曲振动。另外，在约 480 cm^{-1} 处出现一个非常弱吸附带，归于 ZnO。对于本底 HZSM-22 而言，在约 1 232 cm^{-1}、1 105 cm^{-1}、810 cm^{-1}、780 cm^{-1}、638 cm^{-1}、550 cm^{-1} 和 490 cm^{-1} 出现 7 个吸附带（见图 4.3 e）。在 1 232 cm^{-1} 和 1 105 cm^{-1} 出现吸附带，归于四面体 TO$_4$（T = Si 和 / 或 Al）里 Si-O-T 连接的外部和内部不对称弹性振动。HZSM-22 在 810 cm^{-1} 和 780 cm^{-1} 吸附带比较接近 HZSM-5 在 797 cm^{-1} 吸附带。显然，它们归于四面体 TO$_4$（T = Si 和 / 或 Al）里 Si-O-T 连接的外部对称弹性振动。至于 HZSM-22 在 780 ~ 810 cm^{-1} 处出现双吸附带无法做出合理解释。这种情况最有可能是这两种分子筛具有不同形貌。例如，ZSM-22 常常

显示出纵横比非常高的针状形貌而 ZSM-5 则显示出棱柱状颗粒。对于高硅分子筛如 ZSM-5, 在 600 ～ 700 cm⁻¹ 处几乎见不到 FT-IR 吸附带, 但对于高铝沸石而言, 如 FAU、LTA、CAN 和 GIS, 这些归于对称 Al-O 弹性振动和 / 或六元双环。这种指定也可以解释为什么在 638 cm⁻¹ 处出现吸附带, 因为 ZSM-22 的拓扑结构中也含六元环以及表面上含丰富的铝物种。这与 ZSM-5 有所不同。在 550 和 490 cm⁻¹ 出现吸附带与外部连接的两个五元环晶格振动和八面体 TO_4 里内部 T-O 弯曲振动有关。在碱 - 酸连续处理 HZSM-22 之后, 在 1 232 cm⁻¹ 和 1 105 cm⁻¹ 吸附带趋向更低波数 (见图 4.3 f), 表明与 HZSM-22 相比, HZSM-22-At-acid 发生脱硅。这些结果与 XRD 相一致。

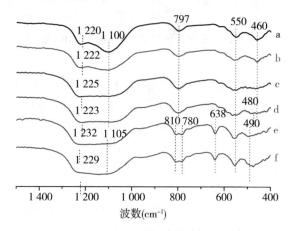

图 4.3　不同催化剂的 FT-IR 图

（a）HZSM-5；（b）HZSM-5-At；（c）HZSM-5-At-acid；（d）ZnO/HZSM-5-At-acid；

（e）HZSM-22；（f）HZSM-22-At-acid

（4）SEM

图 4.4 显示不同催化剂的 SEM 图。从图中可以看出, 系列 ZSM-5 催化剂皆显示短的柱形颗粒晶体 (见图 4.4 a ～ c)。对于 HZSM-5 而言, HZSM-5-At 和 HZSM-5-At-acid 表面相对粗糙, 归于在碱处理和 / 或碱 - 酸连续处理过程中 HZSM-5 表面上硅和 / 或铝物种发生部分溶解的缘故。与 HZSM-5 相比, HZSM-5-At 和 HZSM-5-At-acid 颗粒平均尺寸均减少, 可能是碱处理和碱 - 酸连续处理在沸石里产生空洞。接着空洞发生裂开, 从而减少颗粒尺寸。ZSM-22 由针状的纳米棒组成, 纵横比高于 20。与 HZSM-22 相比, HZSM-22-At-acid 纳米棒稍微有所减少。同时, 无定形物质含量也有所降低, 主要由于在碱 - 酸连续处理过程中发生部分脱硅 / 脱铝行为。因此, SEM 结果提供另一个证据表明 ZSM-5 和 ZSM-22 发

生脱硅 / 脱铝的行为。

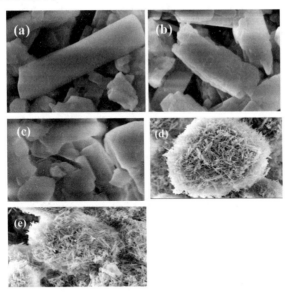

图 4.4 不同催化剂的 SEM 图

（a）HZSM-5；（b）HZSM-5-At；（c）HZSM-5-At-acid；（d）HZSM-22；

（e）HZSM-22-At-acid

（5）孔结构的信息

图 4.5 表示不同催化剂的 N_2 吸附 - 脱附等温线，和相应的孔径分布
曲线见图 4.6。从图 4.5 可以看出，所有的曲线皆属于第 I 类型，归于微
孔分子筛。对于一系列 ZSM-5 催化剂（HZSM-5、HZSM-5-At、HZSM-5-
At-acid 和 ZnO/HZSM-5-At-acid）而言，在 $P/P_0 < 0.1$ 处，对 N_2 吸附量急
剧地增加，属于典型的 MFI 结果。尽管如此，对于 HZSM-22 和 HZSM-
22-At-acid 而言，在 $P/P_0 < 0.1$ 处，对 N_2 吸附量极低，可能与有限的微孔
有关，属于典型的 TON 骨架结构。所有的等温线含 H4 型迟滞回线，表
明催化剂里出现介孔呈不规则和隙状开孔。

从图 4.6 可以看出 HZSM-22 和 HZSM-22-At-acid 的孔径分布非常
宽，从微孔到 100 nm。对于系列 ZSM-5 催化剂而言，孔径分布比较窄，
主要集中 10 nm 内。原因是 HZSM-22 和 HZSM-22-At-acid 由针状晶
体构成，纵横比非常高，这些晶体聚合得比较松散以致于产生孔径分布
比较宽的孔；ZSM-5 由柱形的晶体构成，这些晶体聚合相对紧密而产生
比较窄的孔径分布。此外，从图 4.6 的插图也可以看出，HZSM-22-At-
acid 与 HZSM-5 相比出现大量的小于 10 nm 孔，很可能是脱铝 / 脱硅时
在 HZSM-22 里产生额外的介孔。对于系列 ZSM-5 而言，HZSM-5-At、

HZSM-5-At-acid 和 ZnO/HZSM-5-At-acid 的孔径分布比 HZSM-5 更宽。一方面,在碱处理和碱 - 酸连续处理过程中一部分分子筛晶体分裂成更小的晶体,这可以通过 SEM 来证明。显然,分子筛晶体团聚产生的孔变得更宽。另一方面,分子筛晶体在碱处理和碱 - 酸连续处理发生脱硅 / 脱铝可能产生额外的孔,这些也会贡献出更大的孔径分布。

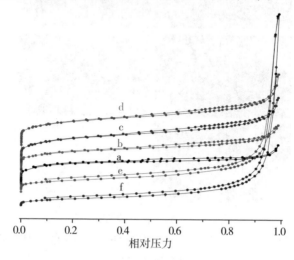

图 4.5　不同催化剂的 N_2 吸附 – 脱附等温曲线图

（a）HZSM-5；（b）HZSM-5-At；（c）HZSM-5-At-acid；
（d）ZnO/HZSM-5-At-acid；（e）HZSM-22；（f）HZSM-22-At-acid

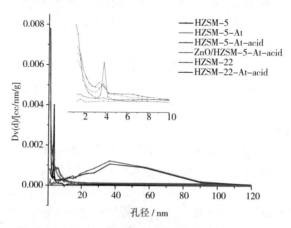

图 4.6　BJH 法计算不同催化剂的孔径分布曲线图

（a）HZSM-5；（b）HZSM-5-At；（c）HZSM-5-At-acid；
（d）ZnO/HZSM-5-At-acid；（e）HZSM-22；（f）HZSM-22-At-acid
（插图代表孔径小于 10 nm 的放大部分）

　　表 4.1 显示出不同催化剂的孔结构信息。从表中可以看出,从 HZSM-5 到 HZSM-5-At 再到 HZSM-5-At-acid 催化剂,比表面积 S_{BET}、微孔表面积 S_{micro} 和微孔孔容 V_{micro} 先下降后增加,外表面积 S_{ext}、总孔容 V_{total} 和介孔孔容 V_{meso} 和平均孔径皆增加,这是由于在碱处理过程中既可以发生脱硅又可以发生脱铝,从而产生介孔,也使表面更得粗糙。同时,一部分已抽取的 Si 和 Al 物种会发生重新沉积,导致阻塞部分 ZSM-5 的通道,引起微孔的减少。上述沉积的 Si 和 Al 物种经酸冲洗可以清除掉。这不仅可以一定程度上恢复微孔,而且进一步增加催化剂的介孔。与 HZSM-5-At-acid 相比,ZnO/HZSM-5-At-acid 具有更小的 S_{BET}、S_{micro} 和微孔孔容 V_{micro},但具有更大的 V_{meso} 和 V_{total}。这是在负载 ZnO 过程中,一部分 ZnO 进入到 ZSM-5 里,从而降低了催化剂的微孔,另一部分 ZnO 沉积在 ZSM-5 晶体粗糙的表面上,因此,ZSM-5 晶体团聚产生更多的介孔,从而增加了催化剂的介孔。与 HZSM-5 相比,HZSM-22 具有非常小的微孔具有但更大的介孔。一方面,在本底 HZSM-22 制备过程中少量的无定形物种包裹它的孔道,另外,一维 ZSM-22 通道易发生扭弯,这两种情况均可以使微孔大幅度减少;另一方面,具有非常大纵横比的针状 ZSM-22 晶体会使相对松散的团聚颗粒产生更多的介孔,而传统的柱形状 ZSM-5 晶体会相对紧密。HZSM-22 和 HZSM-22-At-acid 相比,后者具有更大的微孔和介孔,这是由于在碱-酸连续处理过程中不仅可以除去沸石通道里的无定形物种,而且脱硅/脱铝时易产生介孔。

表 4.1　不同催化剂的孔结构的结果

催化剂	S_{BET} $(m^2 \cdot g^{-1})$	S_{micro} $(m^2 \cdot g^{-1})$	S_{ext} $(m^2 \cdot g^{-1})$	V_{total} $(cm^3 \cdot g^{-1})$	V_{micro} $(cm^3 \cdot g^{-1})$	V_{meso} $(cm^3 \cdot g^{-1})$
HZSM-5	336.5	304.4	32.1	0.212 1	0.134 8	0.077 3
HZSM-5-At	309.8	247.6	62.2	0.247 7	0.129 4	0.1183
HZSM-5-At-acid	380.9	292.1	88.8	0.309 0	0.131 6	0.177 4
ZnO/ HZSM-5-At-acid	372.1	284.6	87.5	0.325 6	0.127 3	0.198 3
HZSM-22	60.8	3.7	57.1	0.579 8	0.001 7	0.578 1
HZSM-22-At-acid	210.4	141.1	69.3	0.650 9	0.061 1	0.589 8

　　注:S_{BET}、S_{micr} 和 S_{ext} 分别指比表面积、微孔面积和外表面积,$S_{BET} = S_{micr} + S_{ext}$;$V_{total}$、$V_{micr}$ 和 V_{meso} 分别指总孔容、微孔孔容和介孔孔容,$V_{total} = V_{micr} + V_{meso}$。

（6）NH$_3$-TPD

图 4.7 表示 HZSM-5、HZSM-5-At、HZSM-5-At-acid、ZnO/HZSM-5-At-acid、HZSM-22 和 HZSM-22-At-acid 的 NH$_3$-TPD 曲线图。最高温度（$T_{m,i}$）和脱附内部面积（A_i）分别指定为酸性的强度和浓度，具体结果见表 4.2。从图 4.7 中可以看出，所有的催化剂（见图 4.7a ~ f）在约 160 ℃（$T_{m,1}$）和 360 ℃（$T_{m,2}$）出现两个脱附峰。另外，ZnO/HZSM-5-At-acid（见图 4.7 d）和 HZSM-22（见图 4.7 e）上，在 480 ~ 490 ℃ 均出现一个峰。对于系列 ZSM-5 而言，$T_{m,1}$ 和 $T_{m,2}$ 峰归于弱酸性位和强酸性位，与硅羟基和桥式羟基（Brønsted 位）有关，$T_{m,3}$ 与强 Lewis 位有关，源自于 ZnO 和 HZSM-5 相互作用的缘故。从表 4.2 中可以看出，弱酸性位、强酸性位、酸性位总量和强酸性位与弱酸性位之比的大小顺序皆为：HZSM-5 > HZSM-5-At > HZSM-5-At-acid，这是由于碱处理可以降低酸性位总量，尤其对强酸性位。接着，酸冲洗可以进一步降低酸性浓度，主要原因是碱处理和碱 - 酸连续处理可以引起 ZSM-5 发生脱硅和脱铝，且脱铝的程度高于脱硅的程度，这些可以从 XRD 表征得到证实。与 HZSM-5-At-acid 相比，ZnO/HZSM-5-At-acid 里弱酸性位、酸性位总量和强酸性位总量（$T_{m,2} + T_{m,3}$）与弱酸性位（$T_{m,1}$）之比皆增加，但是处于（$T_{m,2}$）的强酸性位却减少。与原始的酸性位吸附一个氨相比，新产生的酸性位吸附两个氨分子。另外，Zn^{2+} 和 Brønsted 位产生的新酸位比原来的 Brønsted 位具有更高的酸性强度。这可以解释出在 HZSM-5-At-acid 上负载 ZnO 出现一个强酸性位（$T_{m,3}$）。在本研究中，XRD 结果已表明在碱 - 酸连续处理过程中发生脱硅 / 脱铝，且脱硅行为超过脱铝行为。从表 4.2 可以看出，经过碱 - 酸连续处理之后，HZSM-22-At-acid 上与 $T_{m,1}$ 和 $T_{m,2}$ 对应的峰，即 A_1 和 A_2 分别从 0.32 mmol·g^{-1} 明显地降低至 0.21 mmol·g^{-1} 和稍微从 0.27 mmol·g^{-1} 降低至 0.25 mmol·g^{-1}。这说明 $T_{m,1}$ 峰很可能与 HZSM-22 的骨架中硅和铝有关。因此，$T_{m,1}$ 峰指定为弱酸性位，与硅基官能团有关。$T_{m,2}$ 峰指定为强酸性位，与桥式羟基官能团（Brønsted 位）有关。从图 4.7 和表 4.2 可以看出，经过碱 - 酸连续处理之后，其微孔和介孔均增加。同时，$T_{m,3}$ 峰完全地消失。因此，$T_{m,3}$ 峰很可能与骨架外铝物种有关。由于相对高的脱附温度，它与 HZSM-22 存在强相互作用，指定为强 Lewis 位。

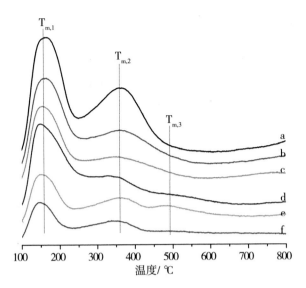

图 4.7　不同催化剂的 NH₃-TPD 图

（a）HZSM-5；（b）HZSM-5-At；（c）HZSM-5-At-acid；（d）ZnO/HZSM-5-At-acid；

（e）HZSM-22；（f）HZSM-22-At-acid

表 4.2　不同催化剂的 NH₃-TPD 结果

催化剂	$T_{m,i}$ [a] / (℃)			A_i [b] /(mmol·g⁻¹)			A_{total} [c] / (mmol·g⁻¹)	A_2/A_{total}
	$T_{m,1}$	$T_{m,2}$	$T_{m,3}$	A_1	A_2	A_3		
HZSM-5	165	360	—	0.84	1.03	—	1.87	0.55
HZSM-5-At	165	360	—	0.67	0.66	—	1.33	0.5
HZSM-5-At-acid	160	358	—	0.51	0.46	—	0.97	0.47
ZnO/HZSM-5-At-acid	158	355	490	0.62	0.44	0.14	1.20	0.37
HZSM-22	151	364	478	0.32	0.27	0.14	0.73	0.37
HZSM-22-At-acid	145	337	—	0.21	0.25		0.46	0.54

[a] $T_{m,i}$ 代表最大脱附峰 i 对应的时温度；[b] A_i 代表脱附峰 i 的内部面积，它也代表脱附峰 i 对应的酸位浓度；[c] $A_{total} = \Sigma A_i$。

4.3.2 一步法气相甘油和氨合成吡啶碱的研究

4.3.2.1 不同催化剂的影响

表 4.3 表示在单一反应器中不同催化剂用于甘油和氨合成吡啶碱反

应的结果。反应条件如下：反应温度为 425 ℃，液相空速为 0.60 h^{-1}，甘油浓度为 36 wt%，甘油与氨摩尔比为 1 : 4 和 TOS = 1 ~ 3 h。甘油脱水产生两种产物，即丙烯醛和羟基丙酮，反应式如下：

$$HOCH_2CH（OH）CH_2OH \rightarrow H_2C=CHCHO + 2H_2O \qquad （4.3）$$

$$HOCH_2CH（OH）CH_2OH \rightarrow HOCH_2C（O）CH_3 + 2H_2O \qquad （4.4）$$

除此之外，不同反应可以产生各种各样的吡啶碱，反应式如下：

$$2H_2C=CHCHO + NH_3 \rightarrow 3\text{-picoline} + 2H_2O \qquad （4.5）$$

$$3CH_3CHO + NH_3 \rightarrow 2\text{- or } 4\text{-picoline} + 2H_2O \qquad （4.6）$$

$$H_2C=CHCHO+CH_3CHO+NH_3 \rightarrow \text{pyridine} + 2H_2O \qquad （4.7）$$

表 4.3　单一反应器中不同催化剂吡啶碱总收率的结果 [a]

催化剂	收率（%）					
	吡啶	2- 甲基吡啶	3- 甲基吡啶	4- 甲基吡啶	吡啶碱	其他 [b]
HZSM–5	10.54	1.47	6.32	0.83	19.16	80.84
ZnO/HZSM–5	6.28	1.39	3.42	0.20	11.29	88.71
La$_2$O$_3$/HZSM–5	4.95	0.18	2.95	1.10	9.18	90.82
Fe$_2$O$_3$/HZSM–5	2.82	2.02	2.53	0.15	7.52	92.48
HZSM–5–At	13.82	1.71	9.13	0.91	25.57	74.43
HZSM–5–At–acid	15.67	1.90	10.02	1.17	28.76	71.24
ZnO/HZSM–5–At–acid	10.16	1.49	6.36	0.95	18.96	81.04

注：[a] 反应条件：反应温度为 425 ℃，液相空速为 0.60 h^{-1}，甘油浓度为 36 wt%，甘油与氨摩尔比为 1 : 4 和 TOS =1 ~ 3 h。[b] 其他：副产物，包括大量的积碳、少量的高沸点吡啶衍生物（3- 乙基吡啶、2- 甲基 -5- 乙基吡啶和 3,5- 二甲基吡啶）和苯衍生物以及痕量的 CO_x 和 C_1-C_2 碳氢化合物。下同。

从表可以看出，吡啶碱各组分的收率大小顺序为：吡啶 > 3- 甲基吡啶 > 2- 甲基吡啶和 4- 甲基吡啶。3- 甲基吡啶源自甘油先脱水成丙烯醛，见式（4.3）。事实上，在 HZSM-5 上主要产物为丙烯醛。接着，丙烯醛和氨反应生成 3- 甲基吡啶，见式（4.5）。2- 甲基吡啶和 4- 甲基吡啶是乙醛和氨反应的结果，见式（4.6）。在甘油 / 氨的反应体系中，乙醛可能来自两种途径，即丙烯醛和羟基丙酮的分解。

为了证明乙醛的来源，以 HZSM-5 为催化剂，进行气相和液相丙烯醛和氨反应。结果表明，丙烯醛分解成乙醛可以说不会发生。因此，形成 2- 甲基吡啶和 4- 甲基吡啶的乙醛主要源自于羟基丙酮的分解。同样，乙醛也会贡献形成吡啶,见式(4.7)。根据上述的分析,吡啶的收率应该低于3-甲基吡啶的收率。事实上,从表中可以看出,这种情况刚好相反。最可能的原因是甲基吡啶经分解贡献大量的吡啶。在不同碳源和氨合成吡啶碱反应中,吡啶是一种重要的产物。除了上述的吡啶碱之外,副产物有大量的积碳、少量的高沸点吡啶衍生物,如3-乙基吡啶、2-甲基-5-乙基吡啶、3,5-二甲基吡啶、苯衍生物以及痕量的 CO_x 和 C_1-C_2 碳氢化合物,这些产物定义为"其他",相关的收率见表中。它们之中,醛、酮、醇和烯烃可以和氨反应生成高沸点的吡啶碱,如二甲基吡啶和三甲基吡啶。这些产物连同丙烯醛和羟基丙酮在高温下产生积碳。它可能解释出产生"其他产物"。值得注意的是,本研究中,当丙烯醛和氨反应生成吡啶碱时,由于丙烯醛聚合引起堵管和积碳,导致反应进行不到 2 h 便停止。尽管如此,当甘油取代丙烯醛时,反应仍能稳定进行。因此,采用甘油为原料合成吡啶碱可以有效地解决丙烯醛聚合的难题。

从表中还可以看出,未负载 ZSM-5 催化剂(HZSM-5-At-acid、HZSM-5-At 和 HZSM-5)得到的吡啶碱总收率皆高于相应的金属负载 ZSM-5 催化剂(ZnO/HZSM-5-At-acid、ZnO/HZSM-5、La_2O_3/HZSM-5 和 Fe_2O_3/HZSM-5)。这些结果表明催化活性与 ZSM-5 载体和金属氧化物无关。负载金属氧化物常常会引入 Lewis 位,从而改变了催化剂的酸性。正如表 4.2 中所示,在未负载的 ZSM-5 中 Brønsted 位浓度明显的高于负载型 ZSM-5 中相应的酸浓度。例如,ZnO/HZSM-5-At-acid 出现 Lewis 位。在甘油脱水反应中,Brønsted 位导致形成丙烯醛,Lewis 位导致形成羟基丙酮,因此,未负载 ZSM-5 基催化剂比负载 ZSM-5 催化剂产生更多的丙烯醛,进而与氨反应生成吡啶碱。虽然 Lewis 位促进醛类和氨形成吡啶碱,但它导致甘油脱水成羟基丙酮,它与丙烯醛竞争的吸附在酸性位上。因此,在金属氧化物负载 ZSM-5 中,其 Lewis 位对形成吡啶碱起着负面的影响。显然,Brønsted 位既能催化甘油脱水成丙烯醛又能加速丙烯醛和氨合成吡啶碱。对于未负载 ZSM-5 基催化剂而言,吡啶碱总收率大小顺序为:HZSM-5-At-acid > HZSM-5-At > HZSM-5。这一顺序与介孔变化规律相同但与 Brønsted 位的浓度变化刚好相反,表明催化剂具有更大的介孔和更少的 Brønsted 位,更适合甘油合成吡啶碱。一方面,形成吡啶碱的中间产物为亚胺物种,在 Brønsted 上,醛类被碳正离子化,在亲核作用下吸附氨。另一方面,碱性分子的吸附,如氨和吡啶碱,在一定程度上,中毒 Brønsted 位,尤其是 Brønsted 位吸附氨可能导致形成铵根离子。这种情况下,与氨相比,它无法与碳正离子作用,因而失去了活性。因此,较大的介孔减少了传质阻力和碱性分子对酸性位的中毒。较低浓度的

Brønsted 位能使氨以较高的活性用于亲核碳正离子,从而导致更高的吡啶碱总收率。上述的因素也可以用来解释 ZnO/HZSM-5-At-acid 比其他金属氧化物负载催化剂具有更高催化剂活性的原因。

4.3.2.2 反应条件的优化

图 4.8 表示在单一反应器中,以 HZSM-5-At-acid 为催化剂,不同反应条件对吡啶碱总收率的影响。这些反应基于表 4.3 中涉及的反应条件进行优化。具体情况如下:保持其他条件不变,优化出最佳的反应温度。基于最佳值,依次进行液相空速、甘油浓度和氨与甘油摩尔比的优化。从图中可以看出,随着反应温度(图 4.8 I)、液相空速(图 4.8 II)、甘油浓度(图 4.8 III)和氨与甘油摩尔比(图 4.8 IV)的增加,吡啶碱总收率皆先增加后减少。这些影响的解释如下:

(1)反应温度。正如上述所示,吡啶碱先甘油脱水成丙烯醛,再进行氨化 - 脱水反应,同时伴有许多副反应,诸如甘油、丙烯醛、吡啶碱和各种各样的反应中间产物等聚合和裂解反应。反应温度增加总体上有利于脱水反应,从而产生更多的吡啶碱。太高的反应温度促进副反应的进行。除此之外,甘油脱水成丙烯醛和醛氨合成吡啶碱的反应温度相差比较大。前者的温度范围为 250 ~ 350 ℃,后者的温度范围为 400 ~ 450 ℃。因此,这两个反应需要一个适当的温度。从图 4.8 可以看出,甘油合成吡啶碱的最佳反应温度为 425 ℃。

(2)液相空速。对于多相催化剂而言,增加液相空速常常用来消除外扩散效应,尽可能地保持固有的活性。因此,较大的液相空速有利于形成吡啶碱。同时,它能将吡啶碱及时地离开反应动力区,从而避免各种各样的副反应。尽管如此,太高的液相空速缩短了反应的接触时间,不利于产生吡啶碱。另外,液相空速应该适合甘油脱水成丙烯醛以及后续反应生成吡啶碱。所有的因素导致获得一个最佳的液相空速的值为 $0.60\ h^{-1}$,具体结果见图 4.8 II。

(3)甘油浓度。甘油浓度的变化改变着引入反应体系的水含量。一方面,来自于甘油的丙烯醛以及丙烯醛和氨形成吡啶碱均涉及脱水步骤。增加甘油浓度,意味着降低气流中水含量,有利于提高吡啶碱总收率。另一方面,水的存在可以降低催化剂的失活速率,进而减少积碳的量。基于以上的因素,最佳的甘油浓度为 36 wt%,具体结果见图 4.6 III。

(4)氨与甘油摩尔比。文献 [7,12,13,25] 报道产生吡啶碱的反应机理。首先,酸性位吸附醛类反应物形成碳正离子。接着,形成吸附态亚胺中间态。最终,亚胺物种进行环化产生吡啶碱。因此,增加氨与甘油摩尔比促进丙烯醛的转化,产生亚胺物种,进而形成吡啶碱。随着更多的氨引入到反应体系中,催化剂的酸性位被覆盖或中毒,从而导致没有足够的活性位用于甘油脱水成丙烯醛和后续的丙烯醛转化成亚胺,降低了吡啶碱总收率。这样一来,得到了最佳的氨与甘油摩尔比,其值为 5∶1,具体结果见图 4.8 Ⅳ。

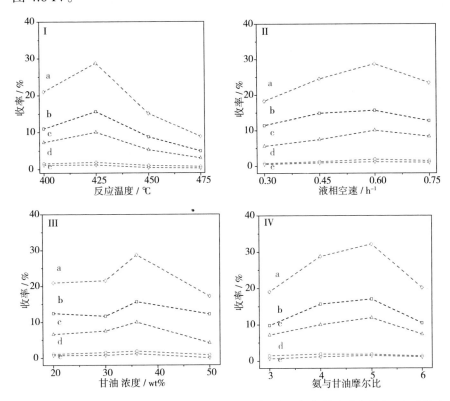

图 4.8　反应温度(Ⅰ)、液相空速(Ⅱ)、甘油浓度(Ⅲ)和氨与甘油摩尔比(Ⅳ)对吡啶碱收率的影响

(a)吡啶 +2- 甲基吡啶 +3- 甲基吡啶 +4- 甲基吡啶;(b)吡啶;(c)3- 甲基吡啶;
(d)2- 甲基吡啶;(e)4- 甲基吡啶

从图 4.8 Ⅰ ~ Ⅳ 中可以得出,在单一反应器中甘油合成吡啶碱的最佳反应条件为:反应温度 = 425 ℃、液相空速 = 0.6 h^{-1}、甘油浓度 = 36 wt%和氨与甘油摩尔比 = 5∶1。在最佳的反应条件下,吡啶碱总收率为32.18%。

4.3.2.3 催化剂的寿命

图 4.9 表示在最佳的反应条件下，HZSM-5 和 HZSM-5-At-acid 上吡啶碱总收率随反应时间变化的影响。从图中可以看出，以 HZSM-5-At-acid 作为催化剂，当 TOS = 1 ~ 3 h 到 11 h 时，吡啶碱总收率从 32.18% 持续下降，最后仅有 36.45% 初始活性。以 HZSM-5 作为催化剂，当 TOS = 1 ~ 3 h 到 9 h 时，吡啶碱总收率从 19.16% 迅速地下降至 1.67%。然后，缓慢地降低至 1.1%，分别对应仅有 8.72% 和 5.74% 初始活性。这些结果表明，HZSM-5-At-acid 的失活速率明显低于相应的 HZSM-5。这两种催化剂均随着反应时间的增加使得吡啶碱总收率不断地下降。这可能是 HZSM-5-At-acid 比 HZSM-5 具有更大的介孔和较低的 Brønsted 位，使得碱性分子中毒和氨失活酸性位的程度更低。除此之外，与 HZSM-5 相比，HZSM-5-At-acid 具有较大的介孔，能容纳更多的积碳，从而延长了催化剂的寿命。

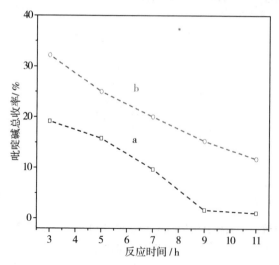

图 4.9　单一反应器中不同催化剂上吡啶碱总收率随反应时间的影响

（a）HZSM-5；（b）HZSM-5-At-acid

总之，催化剂的孔结构和酸性是甘油合成吡啶碱的两个关键因素。Brønsted 位催化甘油脱水成丙烯醛以及丙烯醛和氨缩合成吡啶碱，而 Lewis 位可能促进丙烯醛和氨合成吡啶碱以及甘油脱水成羟基丙酮。吸附碱性物质可能中毒 Brønsted 位以及氨的失活。出现介孔不仅减少传质阻力以保证有效的恢复酸性位，而且能提供更多的空间容纳积碳。因此,与其他催化剂相比,HZSM-5 因具有相对多的介孔和较低的 Brønsted 位的浓度,使得它表现出最好的催化性能。不过,在最佳的反应条件下,吡啶碱总收率仅有 32.18%。这表明在单一反应器中甘油不是十分适合的用于合成吡啶碱。最可能的原因是甘油脱水成丙烯醛以及丙烯醛与氨缩合成吡啶碱的反应受 Brønsted 位和 Lewis 位的影响较大,不能在同一个反应器中由单一催化剂有效催化。为解决上述的难题,一种连续的分别填充不同催化剂的两个固定床被用于甘油脱水成丙烯醛以及丙烯醛和氨缩合反应生成吡啶碱中。

4.3.3 分段法气相甘油和氨合成吡啶碱的研究

4.3.3.1 不同催化剂的比较

从表 4.4 中可以看出,在所有的催化剂上,吡啶碱总收率大小顺序为:(HZSM-5-At + ZnO/HZSM-5-At-acid)>(HZSM-5 + ZnO/HZSM-5-At-acid)>(HZSM-5-At-acid + ZnO/HZSM-5-At-acid)>(HZSM-5-At + HZSM-5-At-acid)。前面的表征结果可知,Brønsted 位的浓度大小顺序为:HZSM-5 > HZSM-5-At > HZSM-5-At-acid > ZnO/HZSM-5-At-acid;介孔大小的大小顺序为:HZSM-5 < HZSM-5-At < HZSM-5-At-acid < ZnO/HZSM-5-At-acid。除此之外,ZnO/HZSM-5-At-acid 出现 Lewis 位,但未负载型催化剂不存在。因此,组合催化剂(1st + ZnO/HZSM-5-At-acid)上吡啶碱总收率大小与 1st 中催化剂的介孔和 Brønsted 位的浓度有关,表明在甘油脱水成丙烯醛反应中,很大程度上,Brønsted 位的浓度的影响超过介孔大小的影响,且最可能是 Brønsted 位的浓度和介孔大小之间协调的结果。这些因素促使在 ZnO/HZSM-5-At-acid 上丙烯醛形成吡啶碱。此外,还应该注意的是组合催化剂(1st + ZnO/HZSM-5-At-acid)的 1st 中活性大小顺序为:HZSM-5 < HZSM-5-At < HZSM-5-At-acid,表明较大的介孔但较少的 Brønsted 位比较大的 Brønsted 位和较小的介孔更适合在单一反应器中进行甘油合成吡啶碱的反应,因为前者减弱了碱性分子中毒酸性位和氨失活酸性位。尽管如此,在连续的两步法中,1st 中催化剂免于碱性分子的接触,显然,Brønsted 位的浓度比介孔更重要。不过,丙烯醛自身易聚合,大量的介孔减缓它的聚合速率。因此,1st 中催化剂具有相当多的 Brønsted 位的浓度和介孔,表现出一种协调效应,从而产生更多的丙烯醛,进而在 ZnO/HZSM-5-At-acid 上形成更多的吡啶碱。

表 4.4　连续两步反应器中不同组合催化剂上吡啶碱总收率的结果 [a]

催化剂		收率 /%					
1st	2nd	吡啶	2–甲基吡啶	3–甲基吡啶	4–甲基吡啶	吡啶碱	其他
HZSM–5–At	HZSM–5–At–acid	23.33	0.85	16.10	0.28	40.56	59.44
HZSM–5–At	ZnO/HZSM–5–At–acid	28.52	1.20	16.59	0.23	46.54	53.46
HZSM–5	ZnO/HZSM–5–At–acid	26.55	1.03	16.61	0.30	44.49	55.51
HZSM–5–At–acid	ZnO/HZSM–5–At–acid	24.31	1.17	15.35	0.37	41.20	58.80

注: [a] 反应条件: 第一个固定床(1st)的反应温度为 330 ℃ 和第二个固定床(2nd) 的反应温度为 425 ℃、液相空速为 0.6 h^{-1}、甘油浓度为 36 wt%、甘油与氨摩尔比为 1∶5 和 TOS = 1 ~ 3 h。

在组合催化剂 1st + ZnO/HZSM-5-At-acid 上吡啶碱总收率高于组合催化剂 HZSM-5-At + ZnO/HZSM-5-At-acid 上吡啶碱总收率,归于 2nd 中催化剂(ZnO/HZSM-5-At-acid)含 Lewis 位,从而促进了丙烯醛和氨缩合成吡啶碱。与组合催化剂(HZSM-5-At + HZSM-5-At-acid)相比,组合催化剂(HZSM-5-At + ZnO/HZSM-5-At-acid)上吡啶碱总收率增加了 5.94%。与组合催化剂(HZSM-5-At + ZnO/HZSM-5-At-acid)相比,组合催化剂(HZSM-5-At-acid + ZnO/HZSM-5-At-acid)上吡啶碱总收率减少了 5.34%。因此, Lewis 位促进丙烯醛和氨缩合的程度比 Brønsted 位促进甘油脱水成丙烯醛的程度更大。因而,组合催化剂(HZSM-5-At-acid + ZnO/HZSM-5-At-acid)比组合催化剂(HZSM-5-At + ZnO/HZSM-5-At-acid)具有更高的吡啶碱总收率。值得注意的是,与 HZSM-5-At-acid 相比, ZnO/HZSM-5-At-acid 具有较大的介孔和较少的 Brønsted 位。它也能贡献较大的吡啶碱总收率。这是由于较大的介孔可以减弱碱性分子的中毒酸性位和较少的 Brønsted 位可以减少氨的失活,同样适合形成吡啶碱。

4.3.3.2 反应条件的优化

图 4.10 表示在连续的两个反应器中,以 HZSM-5-At + ZnO/HZSM-5-At-acid 为组合催化剂,反应条件是基于图 4.8 的最佳的反应条件进行实验。具体情况如下: 第一个固定器的反应温度(图 4.10 I)– 液相空速(图 4.10 II)– 甘油浓度(图 4.10 III)– 第二个固定器的反应温度(图 4.10

IV）–氨与甘油摩尔比（图 4.10 V）。改变其中一个反应条件，吡啶碱总收率皆先增加后减少。因此，最优化的反应条件如下：第一个固定器的反应温度为 330 ℃和第二个固定器的反应温度为 425 ℃、液相空速为 0.45 h⁻¹、甘油浓度为 20 wt% 和氨与甘油摩尔比 5∶1。与单一法相比，两步法的最优化反应条件有所不同。首先，第一个固定器的反应温度比第二个固定器的反应温度低，且这些温度分别处于甘油脱水成丙烯醛（250 ~ 350 ℃）以及丙烯醛和氨缩合成吡啶碱（400 ~ 450 ℃）内。因此，第一个反应器中相对低的反应温度适合甘油形成丙烯醛和第二个反应器中相对高的反应温度适合丙烯醛缩合成吡啶碱。其次，两步法中液相空速和甘油浓度均低于单一反应的液相空速和甘油浓度，这是由于在第一个反应器中，较低的液相空速降低了甘油脱水成丙烯醛的反应速率。因此，液相空速需要降低至甘油能有效地转化。同样，浓度较低的甘油比降低反应温度和液相空速更适合甘油转化。在单一反应器和连续的两步反应器中，氨与甘油摩尔比相同。在上述最优化的反应条件下，吡啶碱总收率为62.25%，明显高于单一反应器中得到的吡啶碱总收率。此外，反应产物中未检测到 4- 甲基吡啶。这一发现具有重大的意义，因为 3- 甲基吡啶和 4- 甲基吡啶沸点相差仅 0.9 ℃，分离起来非常困难。

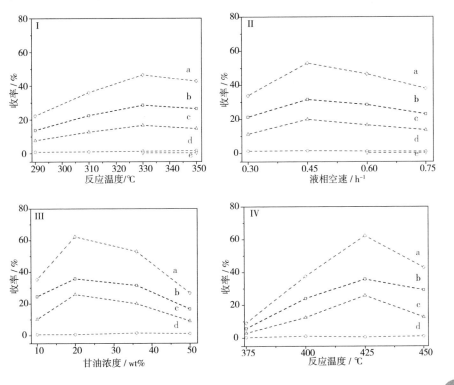

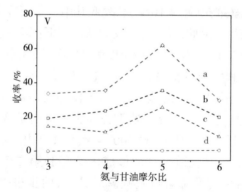

图 4.10 连续的两个固定器中反应温度（Ⅰ和Ⅳ）、液相空速（Ⅱ）、甘油浓度（Ⅲ）和氨与甘油摩尔比（Ⅴ）对吡啶碱总收率的影响

（a）吡啶 +2- 甲基吡啶 +3- 甲基吡啶 +4- 甲基吡啶；（b）吡啶；（c）3- 甲基吡啶；

（d）2- 甲基吡啶；（e）4- 甲基吡啶

注：HZSM-5-At + ZnO/HZSM-5-At-acid 为组合催化剂

4.3.3.3 脱水催化剂的影响

表 4.5 比较了不同组合催化剂（1st + ZnO/HZSM-5-At-acid）用于甘油和氨合成吡啶碱的结果。在这里，1st 中催化剂分别为 HZSM-5-At、HZSM-22 和 HZSM-22-At-acid。使用图 4.10 的得到的最优化的反应条件，除了在使用组合催化剂（HZSM-22 + ZnO/HZSM-5-At-acid 和 HZSM-22-At-acid + ZnO/HZSM-5-At-acid）时第一个固定器的反应温度为 400 ℃之外。从表中可以看出，吡啶碱总收率大小顺序为：（HZSM-5-At + ZnO/HZSM-5-At-acid）＞（HZSM-22-At-acid + ZnO/HZSM-5-At-acid）＞（HZSM-22-At-acid + ZnO/HZSM-5-At-acid）。从前面的表征结果可知，对于 1st 中催化剂而言，Brønsted 位的浓度大小顺序为：HZSM-5-At > HZSM-22 > HZSM-22-At-acid，而介孔大小顺序刚好相反。因此，上述的结果进一步证实了较大的 Brønsted 位的浓度比较大的介孔更能促进甘油脱水成丙烯醛，进而形成吡啶碱，这种规律在组合催化剂 HZSM-22 + ZnO/HZSM-5-At-acid 上并不成立。文献[138]报道在 400 ℃下，HZSM-22 比 HZSM-5 具有更高的丙烯醛收率。HZSM-5 产生较多的芳烃化合物而 HZSM-22 不会形成这些产物。在本研究中，无论是在单一反应器还是在连续的两个反应器中，均产生少量的芳烃化合物。表 4.5 的结果表明 HZSM-5-At 比 HZSM-22 和 HZSM-22-At-acid 具有更高的丙烯醛收率。原因如下：第一，HZSM-5-At 比 HZSM-22 和 HZSM-22-At-acid 具

有更高的 Brønsted 位的浓度；第二，碱处理 HZSM-5 之后，HZSM-5-At 产生介孔；第三，第一个固定器中，HZSM-5-At 使用的是最佳的反应温度（330 ℃）。

表 4.5　连续两步反应器中甘油脱水反应的催化剂对吡啶碱总收率的结果[a]

催化剂		收率 /%					
1st	2nd	吡啶	2-甲基吡啶	3-甲基吡啶	4-甲基吡啶	吡啶碱	其他
HZSM-5-At[a]	ZnO/HZSM-5-At-acid	35.83	0.59	25.83	0	62.25	37.75
HZSM-22	ZnO/HZSM-5-At-acid	37.54	0.99	21.98	0	60.51	39.49
HZSM-22-At-acid	ZnO/HZSM-5-At-acid	35.71	1.15	23.99	0	60.85	39.15

注：除非特别说明，反应条件如下：第一个固定器中反应温度为 400 ℃和第二个固定器中反应温度为 425 ℃、液相空速为 0.45 h^{-1}、甘油浓度为 20 wt%、甘油与氨摩尔比为 1∶5 和 TOS = 1 ～ 3 h；[a] 第一个固定器中反应温度为 330 ℃。

4.3.3.4 催化剂的寿命

图 4.11 表示组合催化剂（1st + ZnO/HZSM-5-At-acid）上吡啶碱总收率对反应时间的影响。在这里，1st 中催化剂分别为 HZSM-5-At 和 HZSM-22-At-acid，使用表 4.5 中的反应条件。对于组合催化剂（HZSM-5-At + ZnO/HZSM-5-At-acid）而言（图 4.11 a），当 TOS = 1 ～ 3 h 时，吡啶碱总收率为 62.25%。当反应时间增加至 7 h 和 9 h 时，吡啶碱总收率下降至 40.27% 和 11.44%。继续增加反应时间至 11 h，吡啶碱总收率仅有 7.16%，对应仅有 11.5% 的初始活性。对于组合催化剂（HZSM-22-At-acid + ZnO/HZSM-5-At-acid）而言（图 4.11 b），当 TOS = 1 ～ 3 h 时，吡啶碱总收率为 60.85%。这一结果稍微低于组合催化剂（HZSM-5-At + ZnO/HZSM-5-At-acid）得到的吡啶碱总收率。随着反应时间的增加，吡啶碱起初增加，在 TOS = 7 h 时，吡啶碱总收率达到最高，其值为 64.56%。然后，在 TOS = 9 h 时，吡啶碱总收率稍微下降至 63.46%。继续增加反应时间至 11 h，吡啶碱总收率仅有 28.036%，对应约 46% 的初始活性。上述的结果表明，组合催化剂（HZSM-22-At-acid + ZnO/HZSM-5-At-acid）比组合催化剂（HZSM-5-At + ZnO/HZSM-5-At-acid）具有更强的稳定性。

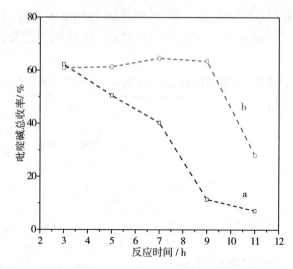

图 4.11　连续的两步反应器中组合催化剂(1ˢᵗ catalyst + ZnO/HZSM–5–At–acid)上吡啶碱总收率随反应时间的影响

(a) 1ˢᵗ 催化剂为 HZSM-5-At 和第一个固定器的反应温度为 330 ℃ ; (b) 1ˢᵗ 催化剂为 HZSM-22-At-acid 和第一个固定器的反应温度为 400 ℃

　　Hoang 等 [138] 报道了在甘油脱水反应中, HZSM-22 上积碳的量小于 HZSM-5 上积碳的量, 源于前者的孔道为一维直通和针状的形貌。与 HZSM-5 相比, HZSM-22 具有独特的孔结构、形貌和孔径。这些因素使得组合催化剂(HZSM-22-At-acid + ZnO/HZSM-5-At-acid)比组合催化剂(HZSM-5-At + ZnO/HZSM-5-At-acid)具有更长的寿命。从前面的表征结果可知, HZSM-22-At-acid 比 HZSM-5-At 具有更大的介孔。这是由于它增加传质速率, 从而可以降低丙烯醛聚合速率以及它能提供更大的容纳积碳的能力。因此, HZSM-22 基催化剂比 HZSM-5 基催化剂具有更大的介孔, 这是组合催化剂(HZSM-22-At-acid + ZnO/HZSM-5-At-acid)比组合催化剂(HZSM-5-At + ZnO/HZSM-5-At-acid)具有更强的稳定性的另一个关键因素。总之, 与单一法相比, 连续的两步法得到非常高的吡啶碱总收率。这种反应工艺使得催化剂非常适合甘油脱水反应生成丙烯醛以及丙烯醛和氨缩合成吡啶碱, 且均是在最优化的反应条件下进行的, 它不仅延长催化剂的寿命, 而且没有 4- 甲基吡啶产生。

　　4.3.3.5 催化剂再生次数的比较

　　对上述单独反应进行再生性能的研究, 常常采用的方式是通入氧气来消除催化剂表面上形成的积碳。在本研究中, 选择适当的再生条件, 对这些催化剂进行再生处理,其结果见图 4.12。从图中可以看出,在第 1 ~ 2 反应 - 再生循环后,吡啶碱总收率基本上保持原来的水平。当在第 5 次再生后,吡啶碱总收率提高 10% 左右。这说明再生处理可以提高吡啶碱总收率。为证明较长时间之后催化剂的结构变化,对其进行了多种表征手段(以第二个固定床中催化剂为例,主要考虑它所处的环境更苛刻)。图 4.13 表示反应前后催化剂的 XRD 变化情况。从图中可以看出,这两种催化剂显示 ZSM-5 的特征峰,说明较长时间运行之后,催化剂基本上保留了原来的结构,仅它的结晶度有所降低。

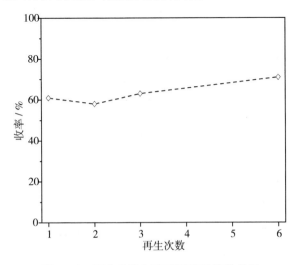

图 4.12　再生次数与吡啶碱总收率的关系

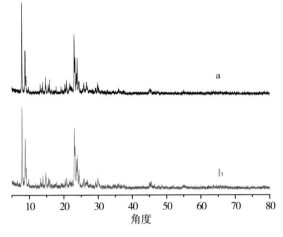

图 4.13　不同催化剂的 XRD 结果

（a）新鲜催化剂；（b）再生后催化剂

　　表 4.6 表示同一催化剂在不同反应原料中运行较长时间的 BET 的信息。从表中可以看出，在甘油和氨反应中，Zn/HZSM-5-At-acid 在运行约 150 h 后，它的比表面积由原来的 372.09 $m^2 \cdot g^{-1}$ 降低至 337.19 $m^2 \cdot g^{-1}$，其中，外表面积下降的更明显，由初始的 87.49 $m^2 \cdot g^{-1}$ 下降至 57.88 $m^2 \cdot g^{-1}$。在丙烯醛二乙缩醛和氨反应中，该催化剂在运行约 600 h 后，与上述的数值相当接近，说明在前者的反应中抗耐力显得更弱些，这可能归于它流入第二步反应中反应原料不同，如含大量的水，使得催化剂易脱铝而其结构变化更大些。图 4.14 为 N_2 吸附 - 脱附等温线和孔结构变化情况。从图中可以看出，在 P/P_0 相对低时，对 N_2 的吸附量出现急剧性上升，属于第 I 型等温线，表明存在微孔材料。在 P/P_0 相对高时，它属于第 IV 型等温线，并出现一个迟滞回线环，表明存在介孔结构。这些新产生的介孔来自于催化剂在反应阶段和再生阶段中发生脱铝的缘故。

表 4.6　Zn/HZSM-5（25）-At-acid 的孔结构的结果

样品	S_{BET}/（$m^2 \cdot g^{-1}$）	S_{micr}/（$m^2 \cdot g^{-1}$）	S_{ext}/（$m^2 \cdot g^{-1}$）
新鲜催化剂	372.1	284.6	87.5
再生的催化剂 [a]	328.4	271.5	57.9
再生的催化剂 [b]	337.2	278.1	59.1

　　注：S_{BET}、S_{micr} 和 S_{ext} 分别指比表面积、微孔面积和外表面积，$S_{BET} = S_{micr} + S_{ext}$。[a] 甘油，约 150 h。[b] 缩醛，约 600 h。

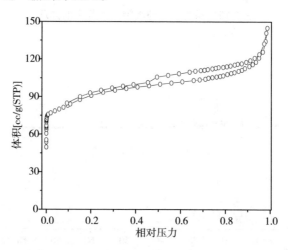

图 4.14　再生后 Zn/HZSM-5-At-acid 的 N_2 吸附 - 脱附等温线

4.3.4 添加第三组分的影响

4.3.4.1 含单碳数的第三组分的比较

表 4.7 列举了添加不同组分对吡啶碱总收率的影响。从表中可以看出，添加不同第三组分对最终的液相产物的活性和选择性均产生重大的影响。在相同的反应条件下，添加一定质量的丙醛与未添加的反应所获得的 3- 甲基吡啶收率相比，该反应体系获得的 3- 甲基吡啶收率有着显著的提高，这是因为除丙醛本身可与氨反应生成 3- 甲基吡啶之外，还可以与脱水产物中丙烯醛和氨反应生成 3- 甲基吡啶。当添加丙烯醛二甲缩醛时，吡啶碱总收率有所下降，这是因为丙烯醛二甲缩醛首先需要被水解成丙烯醛。虽然可局部增加丙烯醛浓度，但减少了酸性位发挥参与形成吡啶碱，进而降低了吡啶碱总收率。当添加甲醛时，吡啶碱总收率显著下降，这是因为甲醛本身不与氨反应生成吡啶碱，但由于它的化学性质非常活泼，它参与更多的副反应中，从而降低了吡啶碱总收率。

表 4.7　添加第三组分对吡啶碱收率的影响

第三组分的类型	收率 /%					
	吡啶	2- 甲基吡啶	3- 甲基吡啶	4- 甲基吡啶	3,5- 二甲吡啶	吡啶碱
未添加	31.56	1.47	19.96	0	0	52.99
甲醛	23.01	0.37	10.75	0	0	34.13
丙醛	20.99	1.52	45.29	0.57	3.44	71.81
丙烯醛二甲缩醛	27.91	1.27	18.24	0	2.11	49.53

注：反应条件：第一个固定床和第二个固定床的反应温度分别为 330 ℃和 425 ℃，催化剂分别为 HZSM-5-At 和 Zn/HZSM-5-At-acid，用量均为 1.5 g，液相空速为 0.45 h^{-1}，第三组分与甘油质量比为 1 : 4，甘油水溶液质量浓度为 36 wt%，甘油与氨摩尔比为 1 : 5，$t = 1 \sim 3$ h。

4.3.4.2 含 C_3 的第三组分的比较

表 4.8 列举了添加不同 C_3 组分对吡啶碱总收率的影响。从表中可以看出，添加相同碳数的第二组分对吡啶碱的活性和选择性产生重大的变化。当添加丙醛时，产生更多的 3- 甲基吡啶，远高于其他的反应结果。

当添加丙酮时,吡啶碱总收率得到大幅度的减少,这是因为丙酮与氨生成 2-甲基吡啶和 4-甲基吡啶,从而减少了催化剂的活性位催化形成吡啶和 3-甲基吡啶。当添加丙醇时,吡啶碱总收率同样减少,这是因为丙醇首先需要形成丙醛才能生成吡啶碱,这减少了活性位发挥更大的作用形成吡啶碱。

表 4.8　添加不同的 C_3 组分对吡啶碱总收率的影响

第三组分的类型	收率 /%					
	吡啶	2-甲基吡啶	3-甲基吡啶	4-甲基吡啶	3,5-二甲基吡啶	吡啶碱
未添加	31.56	1.47	19.96	0	0	52.99
丙醛	20.99	1.52	45.29	0.57	3.44	71.81
丙醇	21.87	1.35	18.63	0.33	0.79	42.97
丙酮	10.30	6.29	6.65	0	0	23.24

注:反应条件:第一个固定床和第二个固定床的反应温度分别为 330 ℃ 和 425 ℃,液相空速为 0.45 h^{-1},催化剂分别为 HZSM-5-At 和 Zn/HZSM-5-At-acid,用量均为 1.5 g,C_3 组分与甘油质量比为 1∶4,甘油水溶液质量浓度为 36 wt%,甘油与氨摩尔比为 1∶5,$t = 1 \sim 3$ h。

4.3.4.3 添加不同含量的丙醛的比较

表 4.9 列举了添加不同含量的丙醛对吡啶碱总收率的影响。从表中可以看出,当丙醛与甘油的质量比为 1∶2 ~ 1∶4 时,随着甘油的质量增加,吡啶碱总收率不断地增加;当丙醛与甘油的质量比为 1∶4 时,吡啶碱总收率达到最大值。同时,3-甲基吡啶收率最高,达到约 45%,这是因为丙醛可与甘油脱水产物的丙烯醛和氨反应生成 3-甲基吡啶;继续增加甘油的量,吡啶碱总收率开始下降,这是由于丙醛分子减少了丙烯醛本身与氨反应形成 3-甲基吡啶的几率,因为丙烯醛比丙醛更适合与氨生成 3-甲基吡啶。

表 4.9　不同含量的丙醛对吡啶碱收率的影响

丙醛/甘油质量比	收率 /%					
	吡啶	2-甲基吡啶	3-甲基吡啶	4-甲基吡啶	3,5-二甲基吡啶	吡啶碱
0∶1	31.56	1.47	19.96	0	0	52.99
1∶2	7.61	0.63	45.25	0.21	7.29	60.99

续表

丙醛 / 甘油质量比	收率 /%					
	吡啶	2- 甲基吡啶	3- 甲基吡啶	4- 甲基吡啶	3,5- 二甲基吡啶	吡啶碱
1 : 4	20.99	1.52	45.29	0.57	3.44	71.81
1 : 8	20.01	1.25	20.96	0	0.95	43.17

注:反应条件:第一个固定床和第二个固定床的反应温度分别为 330 ℃和 425 ℃,液相空速为 0.45 h^{-1},催化剂分别为 HZSM-5-At 和 Zn/HZSM-5-At-acid,催化剂用量均为 1.5 g,甘油水溶液质量浓度为 36 wt%,甘油与氨摩尔比为 1 : 5,$t = 1 \sim 3$ h。

总体上讲,添加不同种类的第三组分对最终产物的活性和选择性产生重要的影响。相比添加其他组分而言,添加丙醛无论提高吡啶碱总收率上还是 3- 甲基吡啶收率上均有改善,显示出更大的优势。与甲醛、乙醛和氨法(3- 甲基吡啶收率 < 20%)相比,该合成法所获得的 3- 甲基吡啶收率明显的高于前者。

4.3.5 碱处理 HZSM-5 中 Si/Al 比的影响

表 4.10 列举了不同 Si/Al 比的 HZSM-5 对吡啶碱总收率的影响。从表中可以看出,保持第一个固定床中催化剂不变的情况下,改变第二个固定床中催化剂的 Si/Al 比的变化,即从 Si/Al 比为 25 增加至 50。随着 Si/Al 比的增加,吡啶碱总收率却减少。在 HZSM-5 中,Si/Al 比越低,其上酸量越多。这些研究表明,合成吡啶碱时需要较多的酸量才能获得较高的催化活性。改变第一个固定床的催化剂中 Si/Al 比,遵循相同的变化规律。从孔结构角度上看,分子筛中 Si/Al 比为 38 时,比 Si/Al 比为 25 或 50,更容易形成介孔。但从根据反应结果的数值上看,形成介孔对整个反应体系的活性的提高不具有显著性的作用。综上这两点,我们可以得出,对于该反应,酸量比介孔结构影响更大。

表 4.10　不同 Si/Al 比的影响

催化剂	收率 /%				
	吡啶	2- 甲基吡啶	3- 甲基吡啶	4- 甲基吡啶	吡啶碱
HZSM-5（25）-At[1] Zn/HZSM-5（25）-At-acid[2]	35.83	0.59	25.83	0	62.25

催化剂	收率 /%				
	吡啶	2– 甲基吡啶	3– 甲基吡啶	4– 甲基吡啶	吡啶碱
HZSM–5（25）–At[1] Zn/HZSM–5（38）–At–acid[2]	22.03	0	35.39	0	57.42
HZSM–5（25）–At[1] Zn/HZSM–5（50）–At–acid[2]	18.62	0	14.75	0	33.37
HZSM–5（38）–At[1] Zn/HZSM–5（25）–At–acid[2]	27.78	1.32	15.06	0	44.16

注：反应条件：第一个固定床和第二个固定床的反应温度分别为 330 ℃和 425 ℃，液相空速为 0.45 h^{-1}，催化剂均为 1.5 g，甘油质量分数约为 20%，甘油与氨摩尔比为 1：5，$t = 1 \sim 3$ h。

为了证实 Si/Al 比的变化对催化剂的稳定性的影响，选择其一的催化剂进行其寿命的测试，具体结果见图 4.15。从图中可以看出，在所有的 HZSM-5 组合体系中，随着反应时间的增加，吡啶碱总收率持续地下降。当反应时间达到 9 h 时，吡啶碱总收率不及初始水平的一半，可见组合催化剂的失活非常严重。对碱处理催化剂而言，其失活的变化具有相似性，暗示了碱处理不同 Si/Al 比的 HZSM-5 形成的介孔结构，对催化剂的稳定性所起的作用极其有限。尽管如此，相对未处理的催化剂而言，碱处理的催化剂上无论是吡啶碱总收率还是催化剂的寿命，均有较大幅度地提高。

表 4.11 表示不同 Si/Al 比的分子筛的孔结构的信息。从表中可以看出，当仅碱处理样品时，HZSM-5 中 Si/Al 比由 25 增加 38 时，其比表面积由 309.76 m^2·g^{-1} 增加至 351.43 m^2·g^{-1}，但其外表面积却下降，由 62.16 m^2·g^{-1} 下降至 51.23 m^2·g^{-1}。为进一步证明孔结构的变化，图 4.16 表示 HZSM-5（38）-At 的 N$_2$- 物理吸附等温线和孔结构变化情况。从图中可以看出，在 P/P_0 相对低时，对 N$_2$ 的吸附量急剧性增加，属于第 I 型等温线，表明存在微孔结构；在 P/P_0 相对高时，出现一个迟滞回线环，属于第 IV 型等温线，表明存在介孔结构。这些新产生的介孔要么来自于颗粒之间的间距，要么在碱或碱 - 酸处理过程中发生脱硅或脱铝产生的晶内介孔。以上事实表明，HZSM-5 中介孔结构不能提高吡啶碱总收率以及催化剂的稳定性。

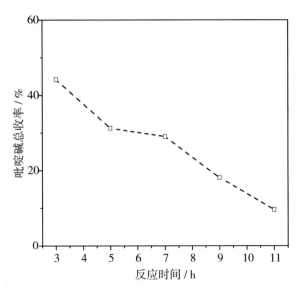

图 4.15　催化剂的稳定性

HZSM-5（38）-At + Zn/HZSM-5（25）-At-acid

表 4.11　不同催化剂的比表面积的结果

催化剂	S_{BET}/（$m^2 \cdot g^{-1}$）	S_{micr}/（$m^2 \cdot g^{-1}$）	S_{ext}/（$m^2 \cdot g^{-1}$）
HZSM–5（25）–At	309.8	247.6	62.2
HZSM–5（38）–At	351.4	300.2	51.2

注：S_{BET}、S_{micr} 和 S_{ext} 分别指比表面积、微孔面积和外表面积，$S_{BET} = S_{micr} + S_{ext}$。

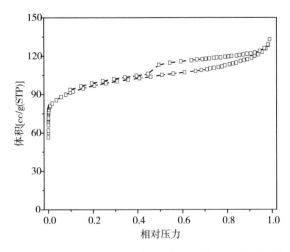

图 4.16　HZSM–5（38）–At 的 N_2 物理吸附等温线

4.4 小 结

本研究开发了甘油合成吡啶碱的新路线。整个反应工艺包括甘油脱水成丙烯醛以及丙烯醛和氨缩合成吡啶碱。它们受孔结构和酸性的影响，具体结果如下：

（1）碱处理分子筛降低了 Brønsted 位的浓度，酸冲洗进一步降低酸性浓度，尤其是 Lewis 位，同时伴有介孔的产生。除此之外，负载金属氧化物也产生介孔。Brønsted 位既能催化甘油脱水成丙烯醛，又能加速丙烯醛和氨缩合成吡啶碱。然而，Lewis 位抑制前一个反应但增强后一个反应。介孔有利于减少丙烯醛聚合和碱性分子中毒酸性位，且能延长催化剂寿命。

（2）在单一反应器中，介孔比 Brønsted 位的影响更大，但它受 Lewis 位的抑制。筛选不同的催化剂，HZSM-5-At-acid 的活性最高。当反应温度为 425 ℃、液相空速为 0.6 h^{-1}，甘油质量分数为 36% 和甘油与氨摩尔比为 1：5 时，吡啶碱总收率约为 32%。

（3）在分段法中，甘油脱水丙烯醛反应受 Brønsted 位比介孔的影响更大，且这两种因素协调更有利于该反应。对于丙烯醛和氨缩合反应而言，增加 Lewis 位、降低 Brønsted 位和增加介孔非常有利于吡啶碱总收率的增加。在第一个反应固定床中填充 HZSM-5-At 或 HZSM-22 或 HZSM-22-At-acid、反应温度为 330 ℃，在第二个反应固定床中填充 ZnO/HZSM-5-At-acid、反应温度为 425 ℃、液相空速为 0.45 h^{-1}、甘油质量分数为 20%、甘油与氨摩尔比为 1：5 时，吡啶碱总收率达到 60% 以上。

（4）在分段法中，考察了添加第三组分的影响。当第三组分为丙醛和甘油与丙醛质量比为 1：4 时，吡啶碱总收率为 72%。

第5章 微波协助甘油液相合成3-甲基吡啶

5.1 引 言

3-甲基吡啶作为一种重要的中间产物,广泛地应用于饲料、医药和农药领域上。工业上,采用甲醛、乙醛和氨作为反应原料制3-甲基吡啶,但它涉及昂贵的反应原料和目标产物的收率低或者产生大量的副产物(如4-甲基吡啶)。它在固定床或流化床上也需要较高的反应温度。此外,酸性催化剂吸附吡啶碱因分解而产生结焦,导致催化剂的快速失活。一种更好的反应工艺是在氨的基础上添加丙烯醛或丙烯醛和第三组分反应合成3-甲基吡啶,但反应原料易聚合。然而,高收率3-甲基吡啶通常在液相反应体系下利用小分子醛类和铵盐合成,但常在苛刻的反应条件下进行,如高温和高压。除此之外,在反应过程中还必须持续地将醛溶液注入反应器中,以防止较大程度上聚合。例如,采用甲醛、乙醛和磷酸氢二铵进行反应合成3-甲基吡啶。当反应温度为235 ℃,反应时间为63 min,反应压力为3.8 ~ 4.0 MPa时,3-甲基吡啶收率达到约68%(基于添加甲醛计)[139]。为了在温和的条件进行,有必要采取措施以达到这一目标。以丙烯醛为反应原料,且在密封体系下,当反应温度为235 ℃时,3-甲基吡啶收率为52.4%,反应时间缩短至34 min[19]。在开放体系下,反应温度为130 ℃,丙酸充当溶剂和催化剂时,3-甲基吡啶收率为33%左右[20]。本书著者报道了乙酸和固体超强酸作为催化剂[21],在相似的反应条件下丙烯醛和乙酸铵进行反应,3-甲基吡啶收率约为60%。但是,丙烯醛具有价格昂贵、剧毒和不安全性等缺点。为了满足日益增加的环境要求,许多新合成路线需要被开发。甘油是生物柴油过程中产生的副产物,它具有绿色环保和成本低的优点。本研究采用微波协助甘油和铵盐合成 3- 甲基吡啶,主要研究的主要内容如下:(1)以乙酸为溶剂和催化剂,考察了一系列对 3- 甲基吡啶的影响因素,其收率为 60% 左右;(2)在(1)基础上添加了固体催化剂,考察它们对 3- 甲基吡啶收率的影响,以期望能获得更高的催化活性,并提出相关的反应机理。

5.2　实验部分

(1)微波法的活性评价装置见图 5.1,在 250 mL 三口烧瓶中,按一定质量比加入甘油、乙酸铵和乙酸,剧烈搅拌至完全溶解。按照图所示放入微波炉中进行反应一段时间。

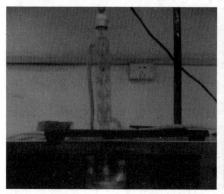

（a）非工作状态　　　　　　　　（b）工作状态

图 5.1　反应装置示意

(2)传统加热法的活性评价装置:除微波炉改成油浴锅加热之外,其他反应装置同微波法。

反应结束后冷却至室温,取出产物加入适量的内标物(异丙醇),进行气相色谱测试,计算产物的收率(见等式 5.1 到 5.3)。

甘油转化率(mol%)=(参与反应甘油量 / 投入甘油的总量)× 100%　(5.1)

目标产物的收率(mol%)=(产物中含碳总数 / 投入甘油的含碳总数)×

100%

(5.2)

$$选择性 = 转化率 × 收率$$　(5.3)

5.3　结果与讨论

5.3.1 均相反应体系下微波协助甘油合成 3– 甲基吡啶

我们课题组曾经报道了以乙酸为催化剂,采用丙烯醛和铵盐为原料合成 3- 甲基吡啶的研究,取得了令人满意的 3- 甲基吡啶收率[21]。因此,本研究以乙酸为催化剂,在微波协助甘油和铵盐合成 3- 甲基吡啶。

由于甘油的沸点较高,加之黏性大和流动性差的特点,很难在较低的温度进行脱水反应。甘油进行分子间脱水的温度至少 127 ℃,而发生有效的脱水生成丙烯醛的反应温度则至少 200 ℃。在液相甘油脱水制丙烯醛中,存在反应温度较高,设备复杂等缺点,加之,铵盐的沸点普遍较低,而沸点较高的铵盐如磷酸盐、硫酸盐等,在高温下分解时又产生强酸,易腐蚀设备。这是液相下甘油制 3- 甲基吡啶的研究至今没有报道的主要原因之一。可以看出,反应温度是制约本路线发展的最主要因素。温度的高低是通过加热来实现,而达到这一目标,可以通过改变加热模式来实现,微波法便是一种非常有效的加热方式。

5.3.1.1 比较微波加热和传统加热

图 5.2 为微波和传统加热对 3- 甲基吡啶的结果。在传统加热下,采用甘油和乙酸铵为反应原料,乙酸作溶剂,100 ℃和 2 h 下,甘油转化率为 24.6%,但未有 3- 甲基吡啶(图中标记为传统加热 -1);当采用甘油、磷酸氢铵为反应原料,磷酸作溶剂,230 ℃和 2 h 下,甘油转化率为 100%,3- 甲基吡啶收率为 2.3%(图中标记为传统加热 -2)。考虑到磷酸具有较大的腐蚀性,选用甘油、乙酸铵和乙酸合成 3- 甲基吡啶。在微波加热下,100 ℃下,仅反应 20 min 后,甘油转化率高达 91.95% 左右。与传统加热相比,3- 甲基吡啶的选择性由原来的 0% 显著性地提高至 65.61%,即 3- 甲基吡啶收率为 60.32%,这是由于高效的热量得到利用,从而大大地降低了反应活化能,因而能快速地反应。

醛类与氨物种相互作用是形成吡啶碱的关键步骤。因此,甘油和铵盐合成 3- 甲基吡啶需要经历 2 个步骤:(1)甘油脱水成丙烯醛。该步骤无论存在或不存在催化剂均可发生。不添加任何催化剂的前提下,反应温度为 100 ℃,加热功率为 0 ~ 100 W,反应时间为 1 h 下,甘油转化率为 38.2%,丙烯醛选择性为 83.3%。因此,甘油脱水成丙烯醛可以在微波下进行。(2)丙烯醛与铵盐提供的氨物种相互作用形成 3- 甲基吡啶。同时,丙烯醛聚合成高沸点大分子物质。除此之外,还有 3,5- 二甲基吡啶、酯类和低沸点的物质。微波加热能实现甘油直接合成 3- 甲基吡啶。换句话说,选择适合的加热方法是形成 3- 甲基吡啶的关键因素。

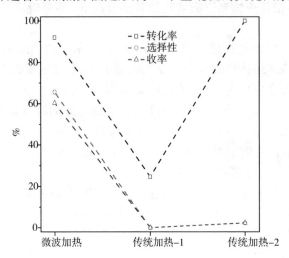

图 5.2   比较微波法和传统加热法合成 3– 甲基吡啶

反应条件:100℃,0.1 MPa,甘油、铵盐与酸摩尔比为 1∶3.58∶15.4;

传统加热法:2 h,微波法:20 min。

5.3.1.2 乙酸的量影响

图 5.3 表示乙酸的量对 3- 甲基吡啶收率的影响。从图中可以看出,随着乙酸的量的增加,3- 甲基吡啶收率不断地增加。当甘油与乙酸质量比达到 1∶10 时,3- 甲基吡啶收率达到最高,即甘油转化率约为 92%,3-甲基吡啶选择性为 65.61%;继续增加乙酸时,3- 甲基吡啶收率开始下降。这一事实说明适当的酸量比较适合该反应。由于乙酸的作用,铵物种损失的程度在一定程度上得到抑制,因为铵盐物种与乙酸反应生成缓冲溶液。为了证明乙酸的独特性,采用丙酸代替乙酸,其结果显示在图 5.4 中。在相同的反应条件下,甘油转化率达到 90% 左右,但是 3- 甲基吡啶选择性仅有 13.7%,这一数值低于以乙酸为催化剂的情况。这主要归于乙酸铵释放出来的氨物种与丙酸反应形成沸点更高的丙酸铵。在本反应的反应温度下,很难再分解氨物种。在这种情况下,没有足够的氨源用于形成

3- 甲基吡啶,因此,3- 甲基吡啶的选择性非常低。

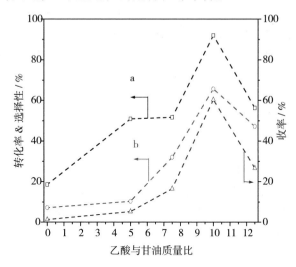

图 5.3　乙酸 / 甘油质量比对 3- 甲基吡啶收率的影响

反应条件:微波加热,100 ℃,0.1 MPa,甘油与乙酸铵质量比为 1∶3,20 min。[a] 转化率,[b] 选择性。

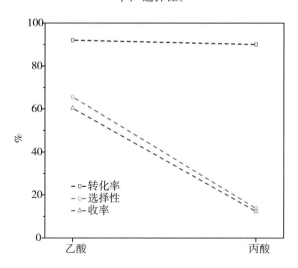

图 5.4　比较乙酸和丙酸对 3- 甲基吡啶收率的影响

反应条件:微波加热,100 ℃,0.1 MPa,甘油、乙酸铵与乙酸或丙酸质量比为

1∶3∶10,20 min。

　　为了鉴定乙酸是否参与该反应,仅进行甘油和乙酸反应。结果表明,甘油转化率仅有 14.2%,没有相关的酯化反应产物。这些结果表明乙酸

起着催化剂的作用。Luque 等[140] 报道在微波加热条件下,反应条件为 300 W,130 ℃和 30 min 时,单酯和双酯化产物为主要产物,但未加催化剂时,甘油转化率不足 10%。除催化剂之外,酯化产物的收率强烈取决于反应条件[140]。因此,乙酸是一种非常有效的催化剂用于甘油和乙酸铵合成 3- 甲基吡啶。

5.3.1.3 甘油与乙酸铵摩尔比的影响

图 5.5 表示乙酸铵与甘油质量比对 3- 甲基吡啶收率的影响。从图中可以看出,在达到最高收率之前,随着乙酸铵的量增加,3- 甲基吡啶收率不断地增加;当甘油与乙酸铵质量比为 1∶3 时,3- 甲基吡啶收率达到最高;继续增加乙酸铵的量时,3- 甲基吡啶收率开始下降。这一事实说明反应物的组成比对 3- 甲基吡啶收率有着重要的影响。亚胺物种是形成吡啶和 3- 甲基吡啶的中间产物,其具体的反应步骤如下所示(见式 5.4 到 5.10)。当使用较少的铵盐时,不能提供足够多的氨物种用于该反应的合成;当使用较多铵盐时,过多的氨物种影响甘油脱水反应,进而影响 3- 甲基吡啶的生成。

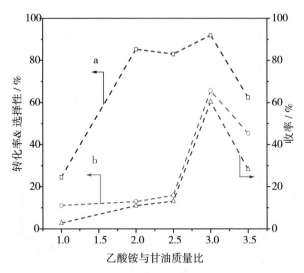

图 5.5　乙酸铵的量对 3– 甲基吡啶收率影响

反应条件:微波加热,100 ℃,0.1 MPa,甘油与乙酸质量比为 1∶10,20 min。[a] 转化率,[b] 选择性。

$$H_2COHCHOHCH_2OH \rightarrow H_2CCHCHO + H_2O \qquad (5.4)$$

$$CH_3CONH_2 + H_2O \leftarrow CH_3COONH_4 \rightarrow CH_3COOH + NH_3 \qquad (5.5)$$

$$H_2CCHCHO + NH_3 \rightarrow H_2CCHCHNH \rightarrow C_6H_7N \quad (5.6)$$

$$NH_3 + H_2O \rightarrow NH_3 \cdot H_2O \rightarrow NH_4^+ + OH^- \quad (5.7)$$

$$H_2CCHCHO + n\,H_2CCHCHO \rightarrow (H_2CCHCHO)_{n+1}\,(n > 1) \quad (5.8)$$

$$H_2CCHCHNH + n\,H_2CCHCHNH \rightarrow (H_2CCHCHNH)_{n+1}\,(n>1) \quad (5.9)$$

$$n\,H_2CCHCHO + n H_2CCHCHNH \rightarrow (H_2CCHCHX)_{n+1}\,(\text{X: O 或 NH},$$

$n>1$) $\qquad (5.10)$

从这些等式可以看出,增加乙酸铵的量可以提供更多的氨物种,进而产生更多的 3- 甲基吡啶。但是,太多的氨物种增加更多的乙酸(见式 5.8 到 5.10)。在这种情况下,丙烯醛和 / 或丙烯亚胺聚合程度必然加重。因此,3- 甲基吡啶收率反而下降。同时,还增加了反应体系的成本,因为乙酸铵产生乙酰胺。

5.3.1.4 反应时间的影响

图 5.6 表示反应时间对 3- 甲基吡啶收率的影响。从图中可知,当反应时间达到 5 min 之前,3- 甲基吡啶收率非常低,这是因为从室温升高至反应温度需要 3 min 左右。很显然,反应没有足够的能量促进 3- 甲基吡啶的形成。随着反应时间的增加,反应温度趋于稳定,从而更好地促进反应,3- 甲基吡啶收率不断地增加。当反应时间达到 20 min 时,3- 甲基吡啶收率达到 60% 左右。20 min 之后,3- 甲基吡啶选择性基本上保持不变,主要是由于铵盐提供的氨源基本上消耗完毕。同时,乙酸铵分解生成乙酸,增加了反应体系中的乙酸。过多的乙酸的量不利于甘油的转化,这可从图 5.3 结果中得到进一步证实。因此,20 min 之后,甘油转化率趋于不变。

5.3.1.5 氨源的影响

表 5.1 显示不同氨源对 3- 甲基吡啶收率的影响。从表中可以看出,甘油转化率和 3- 甲基吡啶选择性的大小顺序均为:乙酸铵 > 氨水 > 尿素 > 磷酸二氢铵。这与这些铵盐的本身性质有关。在这些铵盐之中,磷酸盐提供的氨源,3- 甲基吡啶收率最低。这是因为磷酸二氢铵熔点较高（189 ℃）。在该反应条件下,它基本上不溶解,因而无法提供氨源用于该反应,故不能检测到 3- 甲基吡啶。前三者提供的氨源,无论是甘油转化率还是 3- 甲基吡啶选择性总体上讲相差不大。此外,从表中还可以看出,这些结果可以为无溶剂法合成 3- 甲基吡啶提供重要的参考。如甘油和尿素用于合成 3- 甲基吡啶是一条无溶剂法。

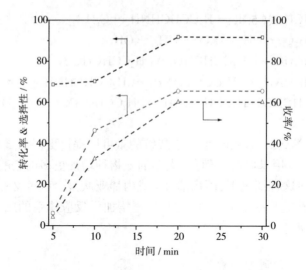

图 5.6　反应时间对 3– 甲基吡啶收率的影响

反应条件：微波加热，100 ℃，0.1 MPa，甘油、乙酸铵与乙酸质量比为 1 : 3 : 10。[a] 转化率，[b] 选择性。

表 5.1　不同氨源对 3– 甲基吡啶收率的影响

氨源	转化率 / %	选择性 / %	收率 / %
乙酸铵	91.95	65.61	60.32
氨水	91.73	63.56	58.30
尿素	87.60	62.15	54.44
磷酸氢二铵	73.15	0	0

注：反应条件：100 ℃，0.1 MPa，甘油与乙酸铵与乙酸质量比为 1 : 3 : 10，反应时间为 20 min。

5.3.1.6 含杂质的影响

为了应用于实际之中，在甘油中添加其他组分，相关的研究结果见表 5.2。从表中可以看出，添加的组分对 3- 甲基吡啶收率有着负面的影响。当添加氯化钠时，3- 甲基吡啶收率仅有 17.8%，这是由于在钠离子和氯离子存在下，抑制甘油脱水成丙烯醛以及加快丙烯醛聚合的速率。当添加水或甲醇时，3- 甲基吡啶收率为 43.9% 或 47.2%，与加入水或甲醇相比，同时加入水和甲醇时，甘油转化率为 13.9%。加入水和甲醇时，由于受竞争反应的影响，甘油转化率受到了抑制，但水和甲醇稀释中间产物丙烯醛与氨物种反应生成 3- 甲基吡啶。同时，甲醇通过如下方式抑制丙烯醛的聚合,具体见等式(5.11)。因此,3- 甲基吡啶的选择性增加。

$$CH_2CHCHO + 2 CH_3OH \xrightleftharpoons{\text{酸性催化剂}} C_3H_4(OCH_3)_2 + H_2O \quad (5.11)$$

为了更接近粗甘油的组分,同时加入上述三种组分时,甘油转化率为76.7%,3- 甲基吡啶选择性为39.6%。因此,本路线具有重要的工业前景。

表 5.2　含杂质的甘油对 3- 甲基吡啶收率的影响

杂质	转化率 / %	选择性 / %	收率 / %
不添加	91.95	65.61	60.32
20 wt% 水	59.21	74.24	43.95
20 wt% 甲醇	61.34	76.94	47.20
10 wt% 氯化钠溶液	39.68	44.87	17.81
15 wt% 水 + 10 wt% 甲醇	17.83	78.06	13.92
10 wt% 水 + 10 wt% 甲醇 + 5wt% 氯化钠	76.69	51.67	39.62

注:反应条件:反应温度为100 ℃,甘油、乙酸铵和乙酸的摩尔比为1∶3.58∶15.4,反应时间为 20 min 和 0.1 MPa。

5.3.2 多相反应体系下微波协助甘油合成 3- 甲基吡啶

5.3.2.1 有机酸性催化剂

图 5.7 为固体有机酸对 3- 甲基吡啶收率的影响。从图中可以看出,添加多种固体有机酸后,甘油转化率的大小顺序为:硬脂酸 > 草酸 > 空白实验 > 己二酸 > 磺基水杨酸 > 乙二胺四乙酸。与空白实验相比,只有加入硬脂酸和草酸时,甘油转化率有所增加,说明它们具有更强的酸性催化甘油转化。太强的酸增强酯化反应的转化,必然抑制甘油脱水转化成丙烯醛。这种酯化反应是一种可逆反应。因此,添加己二酸和磺基水杨酸时,甘油转化率反而减少。加入乙二胺四乙酸时,甘油转化率最低,这是因为在反应过程中它会分解。由于它呈碱性,必然消耗部分乙酸,从而减少了甘油的转化率,这从图 5.3 得到进一步证实。在所有的情况下,3- 甲基吡啶选择性皆有下降。这主要是由于没有足够的氨源用于合成 3- 甲基吡啶。即来自乙酸铵的氨物种与添加的有机酸反应生成分解温度更高的铵盐。这样一来,在本反应体系下它不能完全地被分解。

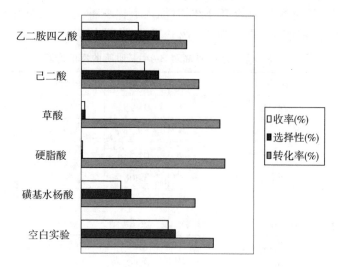

图 5.7　固体有机酸对 3－甲基吡啶收率的影响

反应条件：微波加热，100 ℃，0.1 MPa，20 min，甘油、乙酸铵、乙酸和固体催化剂的质量比为 1：3：10：0.2。

5.3.2.2 金属氧化物

图 5.8 为金属氧化物对 3-甲基吡啶收率的影响。从图中可以看出，当添加 TiO_2 时，3-甲基吡啶收率达到 71%。这一结果高于加入 ZnO 和 ZrO_2 时 3-甲基吡啶收率，且它是本研究中的最高值。与对照实验相比，当加入 ZnO 和 TiO_2 时，甘油转化率均得到提高。这表明它们表现出更高的甘油转化。总体上讲，在该反应中，TiO_2 是一种性能优异的多相催化剂。以尿素为氨源，乙二醇单丁醚为溶剂，不加入或加入 TiO_2，均没有 3-甲基吡啶。显然，乙酸比 TiO_2 发挥着更大的催化作用。因此，乙酸和 TiO_2 分别作为均相和多相催化剂，共同促进 3-甲基吡啶的形成，且乙酸不仅起着溶剂的作用而且还吸收氨物种形成缓冲溶液。除此之外，TiO_2 作为商业品，化学性质稳定。上述的所有的催化结果为合成高效的多相催化剂用于合成 3-甲基吡啶提供重要的参考。

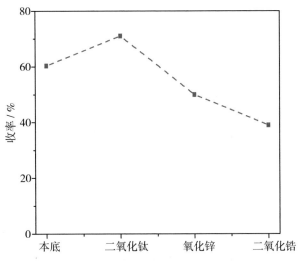

图 5.8　金属氧化物对 3- 甲基吡啶收率的影响

反应条件: 微波加热, 100 ℃, 0.1 MPa, 20 min, 甘油、乙酸铵、乙酸和固体催化剂的质量比为 1 ∶ 3 ∶ 10 ∶ 0.2。

5.3.2.3 可行性的反应机理

根据上述的催化结果, 在均相和多相体系下提出不同的反应机理。

（1）在只有乙酸(均相体系)的反应体系下, 一个甘油分子中间的羟基被游离的质子进行质子化, 脱出一个水分子, 变成 3- 羟基丙醛。它极其不稳定, 继续脱出一个水分子, 从而形成一个丙烯醛。除此之外, 甘油的羟基在微波作用下发生断裂。接着, 甘油脱水产物如丙烯醛与乙酸铵提供的氨物种进行反应。Calvin 等[12] 发现它们两者进行反应时, 需要经历丙烯胺的中间反应态, 最终形成 3- 甲基吡啶。根据反应机理, 催化剂必须有质子酸性位, 以便活化反应物中的醛基。因此, 质子酸性位不仅能活化甘油分子的羟基官能团, 而且也能活化醛类的醛基官能团。在微波条件下, 乙酸能促进甘油脱水成丙烯醛以及丙烯醛和氨物种制 3- 甲基吡啶中的两个单独步骤。具体的步骤见式 5.12 到 5.18。

$$CH_3COOH \rightarrow CH_3COO^{(-)} + H^{(+)} \tag{5.12}$$

$$HOCH_2CHOHCH_2OH + H^{(+)} \rightarrow HOCH_2CHOH_2^{(+)}CH_2OH \tag{5.13}$$

$$HOCH_2CHOH_2^{(+)}CH_2OH \rightarrow HOCHCHCH_2OH + H_3O^{(+)} \tag{5.14}$$

$$HOCHCHCH_2OH \rightarrow HOCH_2CH_2CHO \rightarrow H_2CCHCHO \tag{5.15}$$

$$H_3O^{(+)} \rightarrow H_2O + H^{(+)} \tag{5.16}$$

$$CH_3COO^{(-)} + H^{(+)} \rightarrow CH_3COOH \qquad (5.17)$$

$$HOCH_2CHOHCH_2OH \xrightarrow{\quad 微波 \quad} H_2CCHCHO + H_2O \qquad (5.18)$$

（2）在乙酸和 TiO_2 混合催化体系下，除了上述的反应机理之外，还提出了另一个反应机理。以金属氧化物为例，TiO_2 是一种典型的 Lewis 催化剂。在微波协助甘油脱水反应中，TiO_2 能催化形成羟基丙酮。在这种情况，3- 甲基吡啶收率必然会降低。显然，它不能根据酸催化理论解释本研究的结果。在液相甘油脱水成丙烯醛反应中，Buhler 等[141] 提出了两种不同的反应路线。一种反应路线为离子机理，即甘油分子首先被正离子化。然后，它经历脱水过程产生丙烯醛。另一种反应路线为自由基机理。水被激发而产生自由基（·OH）参与丙烯醛的形成。Watanabe 等[142] 进一步证实了在低温下发生离子机理而在高温下发生自由基机理。TiO_2 和 ZnO 是十分常见的半导体。在微波条件下它可将 H_2O 激发成自由基（·OH）。因此，在本研究中，加入 TiO_2 或 ZnO 使甘油转化率得到增加，可以得出上述两种反应机理均可发生。很明显，水在反应过程中既充当溶剂又充当催化剂的作用。从这一点上讲，乙酸加速离子反应而 TiO_2 增强自由基反应，从而进一步地提高甘油转化率。Zenkovets 等[143] 报道了在丙烯醛和氨缩合反应中，SO_4^{2-}/TiO_2 表现出更高的活性和选择性。Singh 等[13] 报道了（Al+Zr）-PILC 蒙脱土作为催化剂用于甲醛、乙醛和氨合成吡啶碱。他们提出一种反应机理：甲醛和乙醛首先缩合成丙烯醛。接着，它被正离子化。之后，与另一个丙烯醛分子相互作用生成二聚丙烯醛分子。最后，它与氨形成 3- 甲基吡啶。这些例子说明了 TiO_2 是一种有效的催化剂，这归于它加速脱氢步骤。由于它的酸性和碱性非常弱，不能加速丙烯醛分子的聚合。另外，它的比表面积小，也不会强烈地吸附产物。因此，添加 TiO_2 能够促进 3- 甲基吡啶的形成。具体步骤见式 5.19 到 5.27。上述反应机理的提出，解决了在气相法中存在催化剂严重失活的难题。总之，微波协助和催化剂是高效和温和合成 3- 甲基吡啶的关键因素。

$$C_3H_8O_3 + (\text{-Ti-O-Ti-}) \rightarrow HCCOHCH_2OH + (\text{HO-Ti-Ti-OH}) \qquad (5.19)$$

$$HCCOHCH_2OH \rightarrow H_2CCOCH_2OH \qquad (5.20)$$

$$(\text{HO-Ti-Ti-OH}) \rightarrow (\text{-Ti-O-Ti-}) + H_2O \qquad (5.21)$$

$$H_2O + O_2(溶液中) \xleftrightarrow{\quad 微波，TiO_2 \quad} (\cdot OH) \qquad (5.22)$$

$$HOCH_2CHOHCH_2OH + (\cdot OH) \rightarrow HOCH_2CHOH(C\cdot)HOH + H_2O \qquad (5.23)$$

$$HOCH_2CHOH(C\cdot)HOH \rightarrow H_2CCHCHO + (\cdot OH) + H_2O \qquad (5.24)$$

$$H_2CCHCHO + H^{(+)} \rightarrow H_2C^{(+)}CH_2CHO \qquad (5.25)$$

$$H_2C^{(+)}CH_2CHO + H_2CCHCHO \rightarrow HOCCH_2CH_2CH(CHO)CH_2$$
$$\rightarrow HOCCH_2CH_2C(CHO)CH_2 + H^{(+)} \qquad (5.26)$$
$$HOCCH_2CH_2C(CHO)CH_2 + NH_3 \rightarrow C_6H_7N + H_2O \qquad (5.27)$$

5.3.3 其他条件下合成 3- 甲基吡啶

5.3.3.1 微波协助下不同原料合成 3- 甲基吡啶

在低温下,丙烯醛和乙酸铵直接反应不会形成 3- 甲基吡啶,这是因为在碱性条件下丙烯醛极易发生聚合。文献报道的反应工艺是在反应过程中丙烯醛被不断地加入铵盐溶液中[21-24],而本研究的反应工艺采用"一锅煮"的方式进行。除此之外,采用丙烯醛二甲缩醛、丙烯醛二乙缩醛代替丙烯醛合成 3- 甲基吡啶,相关结果见表 5.3。从表中可以看出,3- 甲基吡啶收率分别为 27% 和 46% 左右。这些结果在一定程度上表明丙烯醛是合成 3- 甲基吡啶的中间产物。相似的研究结果在我们的前期的研究报告中已有反映[21]。

表 5.3　不同碳源对 3- 甲基吡啶收率的影响

碳源	转化率 / %	选择性 / %	收率 / %
丙烯醛二甲缩醛	100.0	27.39	27.39
丙烯醛二乙缩醛	100.0	46.10	46.10

注:反应条件:微波加热,100 ℃,0.1 MPa,甘油、水、乙酸铵、乙酸摩尔比为 1∶1∶3.58∶15.4,反应时间为 20 min。

5.3.3.2 传统加热下合成 3- 甲基吡啶

表 5.4 列举了在传统加热下以丙烯醛二乙缩醛为原料合成 3- 甲基吡啶,乙二醇丁醚作为惰性溶剂,以离子交换树脂和分子筛作为多相催化剂,其目的取代乙酸的作用。从表中可以看出,在无水体系下,以 D402 树脂为催化剂,反应温度为 90 ℃时,丙烯醛二乙缩醛的转化率为 73.7%,3- 甲基吡啶收率仅为 1.7%。这是因为丙烯醛二乙缩醛首先需要水解成丙烯醛,才能进一步形成 3- 甲基吡啶。另外,由于乙酸铵是固体,而丙烯醛二乙缩醛具有一定的黏性,没有溶剂很难进行充分的反应,因此 3- 甲基吡啶收率低。在有水体系下,以 D402 树脂为催化剂,反应温度为 90 ℃时,丙烯醛二乙缩醛的转化率为 55.4%,3- 甲基吡啶收率为 5.3%,说明加入水有利于形成 3- 甲基吡啶;当反应温度为 110 ℃时,丙烯醛二乙缩醛

的转化率为 99.6%，3- 甲基吡啶收率为 19.4%，说明增加反应温度有利于形成 3- 甲基吡啶；以 HZSM-5 为催化剂，反应温度为 110 ℃时，丙烯醛二乙缩醛完全地被转化，3- 甲基吡啶收率为 24.0%。值得一提的是，加入离子交换树脂或分子筛，在上述反应中皆有 3- 甲基吡啶的产生，似乎得出添加的多相催化剂能促进 3- 甲基吡啶的形成。但是，所使用到铵盐为乙酸铵，在反应过程中分解成乙酸，而乙酸已表明具有高效的催化性能。

表 5.4　丙烯醛二乙缩醛和铵盐合成 3– 甲基吡啶的影响

催化剂	反应温度 / ℃	转化率 / %	收率 / %	备注
D402 树脂	90	73.7	1.7	无水体系
D402 树脂	90	55.4	5.3	有水体系
D002 树脂	110	99.6	19.4	
HZSM–5（25）	110	100.0	24.0	

注：反应条件：0.1 MPa，丙烯醛二乙缩醛、乙酸铵 / 固体催化剂质量比为 1：3：0.2，60 min。

5.3.3.3 配位体铵盐用于合成 3- 甲基吡啶

表 5.5 列举了配位体铵盐为氨源对 3- 甲基吡啶收率的影响。从表中可以看出，以 $FeNH_4SO_4$ 为铵盐时，甘油转化率为 33.09%，产物中未有 3- 甲基吡啶。这是铵盐分解成氨，它易挥发，因而没有足够多的氨用于合成 3- 甲基吡啶。另外，铵盐中 Fe 可以充当酸性位，但它缺乏质子酸性位催化该反应。

表 5.5　配位体铵盐对 3– 甲基吡啶收率的影响

铵盐	转化率 / %	选择性 / %	收率 / %
$FeNH_4SO_4$	33.09	0	0

注：反应条件：微波加热，反应温度为 100 ℃，0.1 MPa，甘油与硫酸铵铁的质量比为 1：3，20 min。

5.3.3.4 离子液体用于合成 3- 甲基吡啶

在液相合成 3- 甲基吡啶反应中，无一例外使用到了大量的酸性溶剂。提供氨源的铵盐要么是磷酸氢二铵要么是乙酸铵。它们在分解氨源的过程中，产生磷酸或乙酸。根据前面的反应结果，可以得出这样的一个结论是：乙酸不仅起着溶剂的作用，而且起着催化剂的作用。此外，乙酸具有剧烈的挥发性,易造成环境污染。寻找一种新的溶剂和催化剂代替乙酸具有重要的意义。近年来,离子液体引起了广大研究者们的极大兴趣。它具有很多优点如蒸气压极低、稳定性好和自组装能力强等。这些特性使它既可以充当溶剂,又可以充当催化剂。在这里,以离子液体为反应介质来合成 3- 甲基吡啶。选用 [RIM]HSO$_4$ 作为离子液体,其依据是:在甘油脱水成丙烯醛以及丙烯醛和铵盐合成 3- 甲基吡啶,需要质子酸才能有效地形成 3- 甲基吡啶,而 H$_2$SO$_4$ 在这两个反应中均表现出不俗的结果。因此,离子液体的阴离子为 HSO$_4^-$。该离子液体的合成步骤如下:9.92 g,0.1 mol N-甲基咪唑放入 100 mL 圆底烧瓶中,冷却中 0 ~ 5 ℃,然后缓慢地加入 10.00 g,0.1 mol,98% 浓 H$_2$SO$_4$,剧烈搅拌。加入完毕后,80 ℃搅拌 2 h,直至反应完全,使用乙酸乙酯萃取 3 次,80 ℃真空蒸干 24 h,即得到 [RIM]HSO$_4$。表 5.6 列举了离子液体对 3- 甲基吡啶收率的影响。从表中可以看出,无论乙酸铵还是氨水作为氨源,甘油转化率均高达 88%以上,说明离子液体能有效地转化甘油,而 3- 甲基吡啶选择性为 0%,原因是铵盐分解生成的氨快速地挥发到空气中而来不及用于合成 3- 甲基吡啶。

表 5.6　离子液体对 3- 甲基吡啶收率的影响

铵盐	转化率 / %	选择性 / %	收率 / %
乙酸铵	100	0	0
氨水	88.3	0	0

注:反应条件:微波加热,反应温度为 100 ℃,0.1 MPa,甘油与硫酸铵铁的质量比为 1 : 3,20 min。

5.3.3.5 其他溶剂法用于合成 3- 甲基吡啶

正如前面的提到,当乙酸为溶剂,以尿素为氨源时,3- 甲基吡啶收率可达到 50% 以上。此处使用尿素为氨源,HZSM-5-At-acid 为多相催化剂,水作为溶剂合成 3- 甲基吡啶。图 5.9 为 HZSM-5-At-acid 投加量对 3- 甲基吡啶收率的影响。从图中可以看出,当加入 5 wt% 催化剂时,甘油转化率约为 70%,3- 甲基吡啶收率为 0%。继续增加催化剂的用量,甘油转化率先下降后趋于平稳,维持在 65% 左右,这可能是催化剂在反应体系中没有很好地分散的缘故。3- 甲基吡啶收率仍然为 0%,说明氨源在反应过程中来不及参与反应便迅速地挥发出去了。

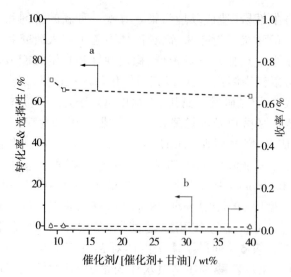

图 5.9　HZSM–5–At–acid 投加量对 3– 甲基吡啶收率的影响

反应条件：微波加热，100 ℃，0.1 MPa，20 min，甘油与尿素的质量比为 1：3。[a] 转化率，[b] 选择性。

　　图 5.10 为不同的溶剂对 3- 甲基吡啶收率的影响。从图中可以看出，当二乙二醇甲醚和乙二醇丁醚作为惰性溶剂时，甘油转化率均达到 90% 以上，说明这些溶剂有利于甘油的转化，可能是水容易吸附在催化剂表面而形成亲水表面，从而减少甘油发生脱水反应。这里可以看到，产物中有 3- 甲基吡啶，尤其是乙二醇甲醚作为溶剂。与水相比，这些溶剂沸点较高（180 ℃以上），在本反应体系下不容易挥发，可以减少氨物种的挥发。这样一来，一些氨物种参与 3- 甲基吡啶的形成。因此，反应后溶液中能检测到 3- 甲基吡啶。在所有的情况下，3- 甲基吡啶收率皆非常低，说明在反应过程中氨物种损失非常严重。显然，一种较好的改进措施是在反应在密封体系下进行合成 3- 甲基吡啶，应该能获得较高收率的 3- 甲基吡啶。

5.3.3.6 验证羧基的作用

　　为了验证羧基的作用，用草酸和二甲基亚砜代替乙酸，尿素代替乙酸铵。图 5.11 为羧基官能团对 3- 甲基吡啶收率的影响。从图中可以看出，甘油几乎完全地被转化，这是草酸能够提供质子酸催化甘油发生脱水反应。除此之外，二甲基亚砜是一种极性溶剂，同样能够催化甘油。从图中还可以看到，3- 甲基吡啶收率约为 20%。一方面，二甲基亚砜的沸点较高，在本反应体系中不易挥发,可以减缓氨物种的挥发速率;另一方面,尿素分解氨,继续与草酸反应生成草酸铵。当尿素分解完毕,草酸铵又可以分解氨。由于草酸铵分解温度相对较高,仅部分草酸铵发生分解氨用于合成 3-甲基吡啶。因此,3-甲基吡啶收率较低。

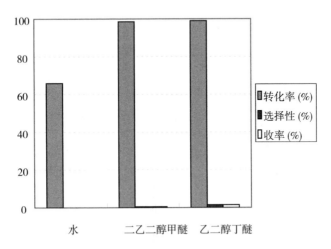

图 5.10　不同溶剂对 3-甲基吡啶收率的影响

反应条件:微波加热,100 ℃,0.1 MPa,20 min,甘油、溶剂、尿素和固体催化剂的质量比为 1∶10∶3∶0.2。

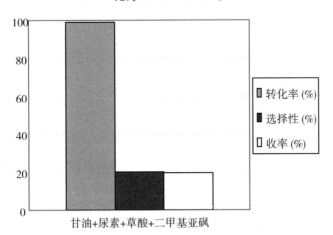

图 5.11　羧基官能团对 3-甲基吡啶收率的影响

反应条件:微波加热,100 ℃,0.1 MPa,20 min,甘油、尿素、二甲基亚砜和草酸的质量比为 1∶3∶10∶0.2。

5.3.3.7 酰胺官能团的作用

图 5.12 为酰胺官能团对 3- 甲基吡啶收率的影响。从图中可以看出，当仅有丙烯酰胺提供碳源时，丙烯酰胺被完全地转化，3- 甲基吡啶收率为 15.88%；当甘油和丙烯酰胺提供碳源时，甘油转化率为 88.20%，有残留的丙烯酰胺沉积于反应容器底部，3- 甲基吡啶收率为 42.82%。由于竞争反应，影响了甘油形成 3- 甲基吡啶，说明丙烯醛是理想的中间产物。

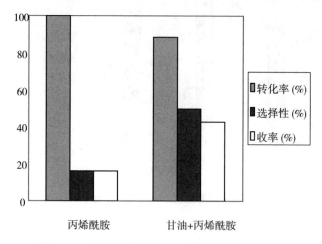

图 5.12　酰胺官能团对 3– 甲基吡啶收率的影响

反应条件：微波加热，100 ℃，0.1 MPa，20 min，甘油、丙烯酰胺、乙酸铵和乙酸的质量
比为 1∶1∶3∶10。

5.4　结　论

甘油作为一种可再生资源用于合成 3- 甲基吡啶，具有经济性、可再生性和快速的特点，有望用于工业化应用。微波协助反应比传统加热方式具有更高的催化活性和选择性以及更温和的反应条件。微波法比传统方法更能在极短的时间内和较低的反应温度下将甘油脱水成丙烯醛，它是合成 3- 甲基吡啶的中间产物。作为一种对照，在相同的反应条件下，传统加热甘油和铵盐不会生成 3- 甲基吡啶。通过优化反应条件，当反应温度为 100 ℃，反应时间为 20 min，0.1 MPa 和甘油、乙酸铵、乙酸质量比为 1∶3∶10 时，甘油转化率为 91.95%，3- 甲基吡啶选择性为 65.61%。

可以得出,乙酸表现出优异的催化性能。除此之外,乙酸还可与乙酸铵形成缓冲溶液,有利于防止氨物种的挥发。甘油经历丙烯醛作为中间产物,然后与乙酸铵提供的氨物种相互作用制得 3- 甲基吡啶。在多相催化剂参与的微波体系下乙酸催化甘油合成 3- 甲基吡啶中, TiO_2 表现出更高的 3- 甲基吡啶收率。在 100 ℃,20 min 和 0.1 MPa 时,甘油转化率约为 93%,3- 甲基吡啶收率达到 71% 左右。

参考文献

[1] Golunski S E, Jackson D.Heterogeneous conversion of acyclic compounds to pyridine bases：a review[J].Appl.Catal,1986,23：1-14.

[2] Shimizu S, Abe N, Iguchi A, et al.Synthesis of pyridine base：General methods and recent advances in gas phase synthesis over ZSM-5 zeolite[J].Catal.Surv.Japan,1998,2（1）：71-78.

[3] Suresh K R K, Srinivasakannan C, Raghavan K V.Catalytic vapor phase pyridine synthesis：a process review[J].Catal.Surv.Asia,2012,16（1）：28-35.

[4] 张弦,晁自胜,黄登高,等.丙烯醛/氨反应制备3-甲基吡啶的研究进展[J].化工进展,2012,31（5）：1113-1120.

[5] 杨辉,秦国栋,张建梅,等.一种由焦化粗苯提取2-甲基吡啶、3-甲基吡啶的方法：中国,103044319A[P].2013-04-17.

[6] Chichibabin A E, Oparina M P. Ber die synthese des pyridins aus aldehyden und ammoniak [J].J.Prak.Chem,1924,107：154-158.

[7] Jin F, Cui Y, Li Y.Effect of alkaline and atom-planting treatment on the catalytic performance of ZSM-5 catalyst in pyridine and picolines synthesis [J].Appl.Catal.A：General,2008,350（1）：71-78.

[8] Jiang F, Huang J, Niu L, et al.Atomic layer deposition of ZnO thin films on ZSM-5 zeolite and its catalytic performance in chichibabin reaction[J].Catal.Lett,2015,145（3）：947-954.

[9] Dinkel R.Process for the preparation of 3-picoline：US,4337342[P].1982-06-21.

[10] 张弦,罗才武,黄登高,等.醛/氨反应合成吡啶碱机理[J].化工学报,2013,64（8）：2875-2882.

[11] Zhang X, Wu Z, Chao Z.Mechanism of pyridine bases prepared from acrolein and ammonia by in situ infrared spectroscopy [J].J.Mol.Catal.A：Chem,2016,411：19-26.

[12] Calvin J R, Davis R D, McAteer C H.Mechanistic investigation of the catalyzed vapor-phase formation of pyridine and quinoline bases using $^{13}CH_2O$, $^{13}CH_3OH$, and deuterium-labeled aldehydes [J].Appl.Catal. A：General,2005,285（1）：1-23.

[13] Singh B, Roy S K, Sharma K P, et al.Role of acidity of pillared inter-layered clay（PILC）for the synthesis of pyridine bases [J].J.Chem. Technol.Biotechnol,1998,71（3）：246-252.

[14] Beschke H, Schaefer H, Schreyer G, et al.Catalyst for the production of pyridine and 3-methylpyridine：US,3960766[P].1976-06-01.

[15] Zhang X, Wu Z, Liu W, et al.Preparation of pyridine and 3-picoline from acrolein and ammonia with HF/Mg-ZSM-5 catalyst [J]. Catal.Comm,2016,80：10-14.

[16] Beschke H, Schaefer H.Process for the production of 3-methyl pyridine：US,4163854 [P].1979-08-07.

[17] Beschke H, Schaefer H.Process for the production of pyridine and 3-methyl pyridine：US,4147874[P].1979-04-01.

[18] Beschke H, Schaefer H.Process for the production of 2-methyl pyridine and 3-methylpyridine：US,4149002[P].1979-04-10.

[19] Grayson J I, Dinkel R.Process for the production of 3-picoline：US,4421921 [P].1983-12-20.

[20] Nicolson A.Manufacture of pyridine bases：GB, 1240928[P].1971-07-28.

[21] Zhang X, Luo C, Huang C, et al.Synthesis of 3-picoline from acrolein and ammonia through a liquid-phase reaction pathway using SO_4^{2-}/ZrO_2-FeZSM-5 as catalyst[J].Chem.Eng.J,2014,253：544-553.

[22] Dinkel R, Roedel H, Grayson J I.Method for the production of 3-picoline：US,4482717 [P].1984-11-13.

[23] 王开明,李国强.丙烯醛二乙缩醛温和液相反应制备3-甲基吡啶 [J].青岛科技大学学报(自然科学版),2012,33（5）：441-444.

[24] 王开明.温和液相反应制备3-甲基吡啶的研究 [D].青岛：青岛科技大学,2012.

[25] Vandergaag F J, Louter F, Vanbekkum H.Reaction of ethanol and ammonia to pyridine over ZSM-5-type zeolites[J].Stud.Surf.Sci.Catal, 1986,28（1）：763-769.

[26] 冯 成,张月成,文彦珑,等.乙醇催化氨化合成 2-甲基吡啶和 4-甲基吡啶 [J].石油化工,2010,39（1）:775-781.

[27] 刘娟娟.ZSM-5 催化剂上醇氨反应制备吡啶碱研究 [D].长沙:湖南大学,2012.

[28] Slobodník M, Hronec M, Cvengroová Z, et al.Synthesis of pyridines over modified ZSM-5 catalysts[J].Stud.Surf.Sci.Catal,2005,158（1）: 1835-1842.

[29] Kulkarn S J, Ramachandra R R, Subrahmanyam M, et al.Synthesis of pyridine and picolines from ethanol over modified ZSM-5 catalysts[J].Appl.Catal.A: General,1994,113（1）: 1-7.

[30] Vandergaag F J, Louter F, Oudejans J C, et al.Reaction of ethanol and ammonia to pyridines over zeolite ZSM-5[J].Appl.Catal,1986,26（1）: 191-201.

[31] Naik S P, Fernandes J B.Ammonolysis of ethanol on pure and zinc oxide modified HZSM-5 zeolites[J].Appl.Catal.A: General,2001,205（1/2）: 195-199.

[32] Grigoreva N G, Filippova N A, Khazipova A N, et al.Zeolite catalysts with various porous structures in the synthesis of pyridines [J].Catal.Ind,2015,7: 287-292.

[33] Grigoreva N G, Filippova N A, Tselyutina M I, et al. Synthesis of pyridine and methylpyridines over zeolite catalysts [J].Appl.Petrochem.Res,2015,5（2）: 99-104.

[34] Xu L, Han Z, Yao Q, et al.Towards the sustainable production of pyridines via thermo-catalytic conversion of glycerol with ammonia over zeolite catalysts [J].Green Chem,2015,17: 2426-2435.

[35] Zhang Y, Yan X, Niu B, et al.A study on the conversion of glycerol to pyridine bases over Cu/HZSM-5 catalysts [J].Green Chem,2016,18: 3139-3151.

[36] Xu L, Yao Q, Zhang Y, et al.Producing pyridines via thermo-catalytic conversion and ammonization of glycerol over nano-sized HZSM-5 [J].RSC Adv,2016,6: 86034-86042.

[37] Dubois J C, Devaux J F.Method for synthesizing biobased pyridine and picolines: US,2012/0283446 A1[P].2012-11-08.

[38] Zhang Y C, Zhang W Y, Zhang H Y, et al.Continuous two-step catalytic conversion of glycerol to pyridine bases in high yield[J].Catal.

Today,2019,319：220-228.

[39] Ren X, Zhang F, Sudhakar M, et al.Gas-phase dehydration of glycerol to acrolein catalyzed by hybrid acid sites derived from transition metal hydrogen phosphate and meso-HZSM-5[J].Catal.Today,2019,332：20-27.

[40] Bayramoglu D, Gurel G, Sinag A, et al.Thermal conversion of glycerol to value-added chemicals：pyridine derivatives by one-pot microwave-assisted synthesis [J].Turk.J.Chem,2014（38）：661-670.

[41] 马天奇,魏天宇,骈岩杰,等.丙烯醇催化氨化合成 3- 甲基吡啶催化剂的制备及性能 [J]. 化工学报,2014,65（3）：905-911.

[42] Xu L, Yao Q, Han Z, et al.Producing pyridines via thermocatalytic conversion and ammonization of waste polylactic acid over zeolites [J].ACS Sus.Chem.Eng,2016,4（3）：1115-1122.

[43] Sreekumar K, Mathew T, Devassy B M, et al.Vapor-phase methylation of pyridine with methanol to 3-picoline over $Zn_{1-x}Co_xFe_2O_4$（x= 0,0.2,0.5,0.8 and 1.0）-type ternary spinels prepared via a low temperature method[J].Appl.Catal.A：General,2001,205（1/2）：11-18.

[44] Shyam A R, Dwivedi R, Reddy V S, et al.Vapour phase methylation of pyridine with methanol over the $Zn_{1-x}Mn_xFe_2O_4$（x= 0,0.25,0.50,0.75 and 1）ferrite system [J].Green Chem,2002（4）：558-561.

[45] 张谦,李浩然,江顺启,等.一种 3- 甲基吡啶的合成方法：中国,101979380A[P].2011-02-23.

[46] 应国海,臧武波,陈启明 .3- 甲基吡啶的制备方法：中国,1903842[P].2007-01-31.

[47] 安娜,维森 .3- 甲基吡啶的制备方法：中国,102164895A[P].2011-08-24.

[48] 仓桥敬 .β - 甲基吡啶的制备方法：日本,2002173480A[P].2002-06-21.

[49] Lee A R.Preparation of 3,5-lutidene：US,5708176[P].1981-01-13.

[50] Lanini S, Prins R.Synthesis of β -picoline from 2-methyl-glutanonitrile over supported noble catalysts.I.Catalyst activity and selectivity [J].Appl.Catal,1996,137：287-306.

[51] Jin F, Li Y.The effect of H_2 on chichibabin condensation catalyzed by pure ZSM-5 and Pt /ZSM-5 for pyridine and 3-picoline

synthesis [J].Catal.Lett,2009,131（3）: 545-551.

[52]Shimizu S, Abe N, Iguchi A, et al.Synthesis of pyridine bases on zeolite catalyst [J].Micro.Meso.Mater,1998,21（4/6）: 447-451.

[53] He S B, Muizebelt I, Heeres A, et al.Catalytic pyrolysis of crude glycerol over shaped ZSM-5/bentonite catalysts for bio-BTX synthesis[J]. Appl.Catal.B: Environ,2018,235: 45-55.

[54] Chiola V, Ritsko J E, Vanderpool C D.Process for producing low-bulk density silica: US,3556725[P].1971-01-19.

[55]Yanagisawa T, Shimizu T, Kuroda K.The preparation of alkyltrimethyl-ammoniumkanemite complexes and their conversion to microporous materials[J].Bull.Chem.Soc.Japan,1990,63（1）: 988-992.

[56] Kresge C T, Leonowicz M E, Roth W J.Ordered mesoporous molecular sieves synthesized by a liquid-crystal template mechanism[J]. Nature,1992,359（1）: 710-712.

[57] Sayari A.Catalysis by crystalline mesoporous molecular sieves[J]. Chem.Mater,1996,8（8）: 1840-1852.

[58]Kloetstra K R, Zandbergen H W, Jansen J C.Overgrowth of mesoporous MCM-41 on faujasite[J].Micro.Mater,1996,6（5/6）: 287-293.

[59]Egeblad K, Christensen C H, Kustova M, et al.Templating mesoporous zeolites[J].Chem.Mater,2008,20（3）: 946-960.

[60]Young D A,Linda Y.Hydrocarbon conversion process and catalyst comprising a crystalline alumino-silicate leached with sodium hydroxide: US,3326797[P].1967-06-20.

[61] Dessau R M, Valyocsik E W, Goeke N H.Aluminum zoning in ZSM-5 as revealed by selective silica removal[J].Zeolites,1992,12（7）: 776-779.

[62] Mao R L V, Xiao S Y, Ramsa A, et al.Selective removal of silicon from zeolite frameworks using sodium carbonate [J].J.Mater.Chem, 1994,4: 605-610.

[63] Litrz G, Schnael K H, Peuker C, et al.Modification on HZSM-5 catalysis by NaOH treatment[J].J.Catal,1994,148（6）: 562-568.

[64] Cizmek A, Subotic B, SMIT I, et al.Dissolution of high-silica zeolites in alkaline solutions II.Dissolution of "activated" silicalite-1 and ZSM-5 with different aluminum content[J].Micro.Mater,1997,8（3）:

159-169.

[65] Corma A, Fornes V, Pergher S B, et al.Delaminated zeolite precursors as selective acidic catalysts [J].Nature,1998,396（6709）: 353-356.

[66]Ogura M, Shinomiya S, Tateno J, et al.Alkali treatment technique-new method for modification of structural and acid-catalytic properties of ZSM-5 zeolites [J].Appl.Catal.A: General,2001,219(1/2): 33-43.

[67] Groen J C, Peffer L A A, Moulijn J A, et al.Mesoporosity development in ZSM-5 zeolite upon optimized desilication conditions in alkaline medium[J].Colloids Surf A: Phys.Eng.Aspect,2004,241（1/3）: 53-58.

[68] Groen J C, Moulijn J A, Pérez-Ramírez J.Alkaline post treatment of MFI zeolites.From accelerated screening to scale-up[J].Ind.Eng.Chem. Res,2007,46（12）: 4193-4201.

[69] Mao R L V, Ramsaran A, Xiao S Y, et al.pH of the sodium carbonate solution used for the desilication of zeolite materials[J].J.Mater. Chem,1995,5（3）: 533-535.

[70] Zhu X L, Lobban L L, Mallinson R G, et al.Tailoring the mesopore structure of HZSM-5 to control product distribution in the conversion of propanal [J].J.Catal,2010,271（1）: 88-98.

[71] Holm M S, Hansen M K, Charistensen C H. "One-Pot" ion-exchange and mesopore formation during desilication[J].E.J.Inorg.Chem, 2009（9）: 1194-1198.

[72] Abell S, Bonilla A, Pérez-Ramírez J.Mesoporous ZSM-5 zeolite catalysts prepared by desilication with organic hydroxides and comparison with NaOH leaching [J].Appl.Catal.A: General,2009,364（1/2）: 191-198.

[73] Sadowsk K, Wach A, Olejniczak Z, et al.Hierarchic zeolites: Zeolite ZSM-5 desilicated with NaOH and NaOH/tetrabutylamine hydroxide[J].Micro.Meso.Mater,2013（167）: 82-88.

[74] Vennestrmpn R, Grill M, Kustova M, et al.Hierarchical ZSM-5 prepared by guanidinium base treatment: understanding microstructural characteristics and impact on MTG and NH_3-SCR catalytic reactions [J]. Catal.Today,2011,168（1）: 71-79.

[75] Tsai S T, Chao P Y, Tsai T C, et al.Effects of pore structure of post-treated TS-1 on phenol hydroxylation [J].Catal.Today,2009,148（1/2）: 174-178.

[76] Groen J C, Peffer L A A, Moulijn J A, et al.Mechanism of hierarchical porosity development in MFI Zeolites by desilication: the role of aluminium as a poredirecting agent[J].Chem.Eur.J,2005,11（17）: 4983-4994.

[77] Zhao L, Gao J S, Xu C M, et al.Alkali-treatment of ZSM-5 zeolites with different SiO_2/Al_2O_3 ratios and light olefin production by heavy oil cracking [J].Fuel.Proce.Tech,2001,92（3）: 414-420.

[78] Wei X T, Smirniotis P G.Development and characterization of mesoporosity in ZSM-12 by desilication [J].Micro.Meso.Mater,2006,97（1/3）: 97-106.

[79] Yoo W C, Zhang X Y, Tsapatsis M, et al.Synthesis of mesoporous ZSM-5 zeolites through desilication and re-assembly processes [J].Micro.Meso.Mater,2012,149（1）: 147-157.

[80] Song C M, Yan Z F.Synthesis and characterization of M-ZSM-5 composites prepared from ZSM-5 zeolite[J].Asia-Pac J.Chem.Eng,2008,3（3）: 275-283.

[81] Groen J C, Moulijn J A, Pérez-Ramírez J.Decoupling mesoporosity formation and acidity modification in ZSM-5 zeolites by sequential desilication-dealumination[J].Micro.Meso.Mater,2005,87（2）: 153-161.

[82] Li Y N, Liu S L, Xie S J, et al.Promoted aromatization and isomerization performance over ZSM-5 zeolite modified by the combined alkali-steam treatment[J].Reac.Kinet.Catal.Lett,2009,98（1）: 117-124.

[83] Jin F, Cui Y G, Rui Z B, et al.Effect of sequential desilication and dealumination on catalytic performance of ZSM-5 catalysts for pyridine and 3-picoline[J].J.Mater.Res,2010,25（2）: 272-282.

[84] Shen B J, Qin Z X, Gao X H, et al.Desilication by alkaline treatment and increasing the silica to alumina ratio of zeolite Y[J].Chin.J.Catal,2012,33（1）: 152-163.

[85] Fernandez C, Stan I, Gilson J P, et al.Hierarchical ZSM-5 zeolites in shape-selective xylene isomerization: Role of mesoporosity and acid site speciation[J].Chem.Eur.J,2010,16（21）: 6224-6233.

[86]Realpe R C, Ramirez J P.Mesoporous ZSM-5 zeolites prepared by a two-step route comprising sodium aluminate and acid treatments [J]. Micro.Meso.Mater,2010,128（1/3）: 91-100.

[87]Veboekend D, Realpe R C, Bonilla A, et al.Properties and functions of hierarchical ferrierite zeolites obtained by sequential post-synthesis treatments[J].Chem.Mater,2010,22（16）: 4679-4689.

[88] Abello S, Pérez-Ramírez J.Accelerated generation of intracrystalline mesoporosity in zeolites by microwave-mediated desilication[J].Phys.Chem.Chem.Phys,2009,11（16）: 2959-2963.

[89] Paixao V, Monteiro R, Andrade M, et al.Desilication of MOR zeolite: conventional versus microwave assisted heating[J].Appl.Catal.A: General,2011,402（1/2）: 59-68.

[90]Mitchell S, Bonilla A, Ramirez J P.Preparation of organic-functionalized mesoporous ZSM-5 zeolites by consecutive desilication and silanization[J].Mater.Chem.Phys,2011,127（1/2）: 278-284.

[91]Verboekend D, Villaescusa L A, Thomas K, et al.Acidity and accessibility studies on mesoporous ITQ-4 zeolite[J].Catal.Today,2010, 152（1/4）: 11-16.

[92]Kubu M, Ilkov N, Ejka J.Post-synthesis modification of TUN zeolite: textural, acidic and catalytic properties [J].Catal.Today,2011, 168（1）: 63-70.

[93]Sommer L, Mores D, Svelle S, et al.Mesopore formation in zeolite H-SSZ-13 by desilication with NaOH [J].Micro.Meso.Mater,2010, 132（3）: 384-394.

[94]Vanmilenburg A, Demnorvall C, Stcker M.Characterization of the pore architecture created by alkaline treatment of HMCM-22 using ^{129}Xe NMR spectroscopy [J].Catal.Today,2011,168（1）: 57-62.

[95]Li X J, Wang C F, Liu S L, et al.Influences of alkaline treatment on the structure and catalytic performances of ZSM-5/ZSM-11 zeolites with alumina as binder [J].J.Mol.Catal.A: Chem,2011,336（1/2）: 34-41.

[96]Koekkoek A J J, Xin H C, Yang Q H, et al.Hierarchically structured Fe/ZSM-5 as catalysts for the oxidation of benzene to phenol[J]. Micro.Meso.Mater,2011,145（1/3）: 172-181.

[97]Groen J C, Caicedo-Realpe R, Abelló S, et al.Mesoporous

metallosilicate zeolites by desilication: on the generic poreinducing role of framework trivalent heteroatoms[J].Mater.Lett,2009,63（12）: 1037-1040.

[98] Kang J C, Cheng K, Zhang L, et al.Mesoporous zeolite-supported Ruthenium nanoparticles as highly selective Fischer-Tropsch catalysts for the productionof C_5-C_{11} isoparaffins [J].Angew.Chem.Int.Ed, 2011,50（22）: 5200-5203.

[99] Song Y Q, Feng Y L, Liu F, et al.Effect of variations in pore structure and acidity of alkali treated ZSM-5 on the isomerization performance [J].J.Mol.Catal.A: Chem,2009,310（1/2）: 130-137.

[100] Xu H, Zhang Y T, Wu H H, et al.Post synthesis of mesoporous MOR-type titanosilicate and its unique catalytic properties in liquid-phase oxidations[J].J.Catal,2011,281（1）: 263-272.

[101] Zhou Q, Wang Y Z, Tang C, et al.Modifications of ZSM-5 zeolites and their applications in catalytic degradation of LDPE[J].Polym. Degrad.Stabil,2003,80（1）: 23-30.

[102] Li Y N, Liu S L, Xie S J, et al.Promoted metal utilization capacity of alkali-treated zeolite: preparation of Zn /ZSM-5 and its application in 1-hexene aromatization[J].Appl.Catal.A: General,2009, 360（1）: 8-16.

[103]Cheng X W, Meng Q Y, Chen J Y, et al.A facile route to synthesize mesoporous ZSM-5 zeolite incorporating high ZnO loading in mesopores[J].Micro.Meso.Mater,2012,153（1）: 198-203.

[104]Mao R L V, Ohayon S T L D, Caillibot F, et al.Modification of the micropore characteristics of the desilicated ZSM-5 zeolite by thermal treatment[J].Zeolites,1997,19（4）: 270-278.

[105] Groen J C, Brouwer S, Peffer L A A, et al.Application of mercury intrusion porosimetry for characterization of combined micro-and mesoporous zeolites[J].Part.Part.Syst.Charact,2006,23（1）: 101-106.

[106] Holm M S, Svelle S, Joensen F, et al.Assessing the acid properties of desilicated ZSM-5 by FTIR using CO and 2,4, 6-trimethylpyridine（collidine）as molecular probes[J].Appl.Catal.A: General,2009,356（1）: 23-30.

[107] Sazama P, Wichterlova B, Dedecek J, et al.FTIR and ^{27}Al MAS NMR analysis of the effect of framework Al-and Si-defects in

micro-and micro-mesoporous H-ZSM-5 on conversion of methanol to hydrocarbons[J].Micro.Meso.Mater,2011,143（1）: 87-96.

[108] Groen J C, Peffer L A A, Moulijn J R, et al.Mechanism of hierarchical porosity development in MFI zeolites by desilication: the role of aluminium as a pore-directing agent [J].Chem.Eur.J,2005,11(17): 4983-4994.

[109] Zhao L, Shen B J, Gao J S, et al.Investigation on the mechanism of diffusion in mesopore structured ZSM-5 and improved heavy oil conversion[J].J.Catal,2008,258（1）: 228-234.

[110]Meunier F C, Verboekend D, Gilson J P, et al.Influence of crystal size and probe molecule on diffusion in hierarchical ZSM-5 zeolites prepared by desilication[J].Micro.Meso.Mater,2012,148（1）: 115-121.

[111] Li Y N, Liu S L, Zhang Z K, et al.Aromatization and isomerization of 1-hexene over alkali-treated HZSM-5 zeolites: Improved reaction stability[J].Appl.Catal.A: General,2008,338（1/2）: 100-113.

[112] Beznis N V, Vanlaak A N C, Weckhuysen B M, et al.Oxidation of methane to methanol and formaldehyde over Co-ZSM-5 molecular sieves: tuning the reactivity and selectivity by alkaline and acid treatments of the zeolite ZSM-5 agglomerates[J].Micro.Meso.Mater,2011, 138（1/3）: 176-183.

[113]Groen J C, Abellob S, Villaescusa L A, et al.Mesoporous beta zeolite obtained by desilication[J].Appl.Catal.A: General,2008,114 （1/3）: 93-102.

[114] Sudarsanam P, Mallesham B, Prasad A N, et al.Synthesis of bio-additive fuels from acetalization of glycerol with benzaldehyde over molybdenum promoted green solid acid catalysts[J].Fuel Proce.Technol, 2013,106: 539-545.

[115] Capeletti M R, Balzano L, Puente G, et al.Synthesis of acetal（1,1-diethoxyethane）from ethanol and acetaldehyde over acidic catalysts[J].Appl.Catal.A: General,2000,198（1-2）: L1-L4.

[116] 阎璟琪,易光政,张仕军.一种用丙烯醛制备缩醛的方法 [P]. 中国专利.102276427A,2011-12-14.

[117] Schwoegler E J, Adkins H.Preparation of certain amines[J]. J.Am.Chem.Soc,1939,61（12）: 3499-3502.

[118] Neylon M K, Bej S K, Bennett C A.Ethanol amination catalysis

over early transition metal nitrides.Appl[J].Catal.A： General,2002,232 （1-2 ）： 13-21.

[119] Naik S P, Fernandes J B.Ammonolysis of ethanol on pure and zinc oxide modified HZSM-5 zeolites[J].Appl.Catal.A： General,2001, 205 （1-2 ）： 195-199.

[120] Reddy K R S K, Sreedhar I, Raghavan K V.Interrelationship of process parameters in vapor phase pyridine synthesis[J].Appl.Catal. A： General,2008,339（1 ）： 15-20.

[121] Hagen A, Roessner F.Conversion of ethane into aromatic hydrocarbons on zinc containing ZSM-5 zeolites prepared by solid state ion exchange[J].Stud.Surf.Sci.Catal,1994 （83 ）： 313-320.

[122] Berndt H, Lietz G, Lticke B, et al.Structure and properties of active species in zinc promoted H-ZSM-5 catalysis[J].Stud.Surf.Sci.Catal, 1995 （98 ）： 116-117.

[123]Niu X J, Gao J, Miao Q, et al.Influence of preparation method on the performance of Zn-containing HZSM-5 catalysts in methanol-to-aromatics[J].Micro.Meso.Materials,2014 （197 ）: 252-261.

[124] Liang J, Tang W, Ying M L, et al.Preparation and characterization of zinc-ZSM-5 catalyst[J].Stud.Surf.Sci.Catal,1991(69)： 207-214.

[125] El-Malki E M, Van S.R A, Sachtler W M H.Introduction of Zn, Ga, and Fe into HZSM-5 cavities by sublimation： Identification of acid sites[J].J.Phys.Chem.B,1999,103 （22 ）： 4611-4622.

[126] Bacaksiz E, Parlak M, Tomakin M, et al.The effects of zinc nitrate, zinc acetate and zinc chloride precursors on investigation of structural and optical properties of ZnO thin films[J].J.Alloys Compounds, 2008,466 （1-2 ）： 447-450.

[127] Perez-Lopez O W, Farias A C, Nilson R, et al.The catalytic behavior of zinc oxide prepared from various precursors and by different methods[J].Mater.Res.Bull,2005,40 （12 ）： 2089-2099.

[128] Elias J, Tena-Zaera R, Levy-Clement C.Effect of the chemical nature of the anions on the electrodeposition of ZnO nanowire arrays[J]. J.Phy.Chem.C,2008 （112 ）： 5736-5741.

[129] Halawy S A, Mohamed M A.The effect of different ZnO precursors on the catalytic decomposition of ethanol[J].J.Mol.Catal.A：

Chem, 1995, 98（2）: L63-L68.

[130] Jekewitz T, Blickhan N, Endres S, et al.The influence of water on the selective oxidation of acrolein to acrylic acid on Mo/V/W-mixed oxides[J].Catal.Comm, 2012（20）: 25-28.

[131] Zhang H, Lin D R, Xu G T, et al.Facile synthesis of carbon supported Pt-nanoparticles with Fe-rich surface: A highly active catalyst for preferential CO oxidation.Intern[J].J.Hydrogen Energ, 2015, 40（4）: 1742-1751.

[132] Balasamy R J, Odedairo T, Alkhattaf S.Unique catalytic performance of mesoporous molecular sieves containing zeolite units in transformation of m-xylene[J].Appl.Catal.A: General, 2011（409-410）: 223-233.

[133] Ni Y M, Sun A M, Wu X L, et al.Preparation of hierarchical mesoporous Zn/HZSM-5 catalyst and its application in MTG reaction[J]. J.Nat.Gas Chem, 2011, 20（3）: 237-242.

[134] Niwa M, Morishita N, Tamagawa H, et al.HZSM-5 treated with ammonia and water vapor: Characterization and cracking activity[J]. Catal.Today, 2012, 198（1）: 12-18.

[135] Kim Y H, Lee K H, Lee J S.The effect of pre-coking and regeneration on the activity and stability of Zn/ZSM-5 in aromatization of 2-methyl-2-butene[J].Catal.Today, 2011, 178（1）: 72-78.

[136] Campbell S M, Bibby D M, Coddington J M, et al.Dealumination of HZSM-5 zeolites: II.Methanol to gasoline conversion[J].J.Catal, 1996, 161（1）: 350-358.

[137] Zhang J C, Zhang H B, Yang X Y, et al.Study on the deactivation and regeneration of the ZSM-5 catalyst used in methanol to olefins[J].J.Nat.Gas Chem, 2011, 20（3）: 266-270.

[138] Hoang T Q, Zhu X L, Danuthai T, et al.Conversion of glycerol to alkyl-aromatics over zeolites[J].Energ.Fuels, 2010, 24（7）: 3804-3809.

[139] Dinkel R.Process for the preparation of 3-picoline[P].US Patent.4337342, 1982-07-29.

[140] Luque R, Budarin V, Clark J H.Glycerol transformations on polysaccharide derived mesoporous materials[J].Appl.Catal.B: Environ, 2008, 82（3-4）: 157-162.

[141] Buhler W, Dinjus E, Ederer H J.Ionic reactions and pyrolysis of glycerol as competing reaction pathways in near and supercritical water[J]. J.Super.Fluid, 2002, 22（1）: 37-53.

[142] Watanabe M, Iida T, Aizawa Y, et al.Acrolein synthesis from glycerol in hot-compressed water[J].Bio.Technol, 2007, 98（6）: 1285-1290.

[143] Zenkovets G A, Volodin A M, Bedilo A F, et al.Influence of the preparation procedure on the acidity of titanium dioxide and its catalytic properties in the reaction of synthesis of β-picoline by condensation of acrolein with ammonia[J].Kinet.Catal, 1997, 38（5）: 669-672.

结束语

  本书是著者在文献调研的基础上,对合成 3- 甲基吡啶进行的深入研究。基于合成 3- 甲基吡啶存在的诸多问题,包括反应原料聚合严重、价格昂贵、毒性大、3- 甲基吡啶收率低、催化剂失活速率快、再生方法复杂和反应条件苛刻等,本书著者进行了广泛而细致的研究,为 3- 甲基吡啶的工业化提供可靠的科学依据。

  基于丙烯醛过于活泼,在反应过程中发生聚合而对反应产生极大的负面影响的情况,本书提出丙烯醛缩醛和氨法,主要是解决丙烯醛和氨法存在的聚合问题。尽管聚合问题得到了很好的解决,但是它面临着成本较高的难题。就甘油 / 氨法而言,无论是 3- 甲基吡啶产量还是合成成本,均有较大的优势。但是,获取大批量原料是一个迫切需要解决的问题。其次,在各个反应工艺中,催化剂主要集中在于碱处理 ZSM-5 基材料上。虽然本书中对碱处理 ZSM-5 基催化剂的孔结构和酸性调变进行了较全面的探索,但是催化剂失活问题仍没有得到有效解决。

  全书中的结论是本书著者多年来的研究成果,将我们的研究经验,及时与广大读者以及同行分享,期望解决 3- 甲基吡啶合成中的难题,加快 3- 甲基吡啶的工业化的步伐,为实现国产化做出一份贡献。